中央高校基本科研业务费项目：区域协同环保政策有效性研究 ZY20180236
中央高校基本科研业务费专项资金创新团队项目：地震灾害风险评估模型研究，ZY20160103

经济管理学术文库·经济类

京津冀区域环境
风险分析与协同控制研究

Research on Environmental Risk Analysis and
Cooperative Control in Beijing,
Tianjin and Hebei Region

田佩芳／著

经济管理出版社
ECONOMY & MANAGEMENT PUBLISHING HOUSE

图书在版编目（CIP）数据

京津冀区域环境风险分析与协同控制研究/田佩芳著 . —北京：经济管理出版社，2019.4

ISBN 978 - 7 - 5096 - 6462 - 9

Ⅰ.①京…　Ⅱ.①田…　Ⅲ.①区域环境—风险分析—研究—华北地区②区域环境管理—研究—华北地区　Ⅳ.①X321.2

中国版本图书馆 CIP 数据核字（2019）第 048472 号

组稿编辑：杨国强
责任编辑：杨国强　王　洋
责任印制：梁植睿
责任校对：赵天宇

出版发行：经济管理出版社
　　　　　（北京市海淀区北蜂窝 8 号中雅大厦 A 座 11 层　100038）
网　　　址：www. E - mp. com. cn
电　　　话：（010）51915602
印　　　刷：北京虎彩文化传播有限公司
经　　　销：新华书店
开　　　本：720mm×1000mm/16
印　　　张：11.75
字　　　数：137 千字
版　　　次：2019 年 6 月第 1 版　　2019 年 6 月第 1 次印刷
书　　　号：ISBN 978 - 7 - 5096 - 6462 - 9
定　　　价：68.00 元

前　言

　　京津冀城市群地理位置优越，经济社会高度发展，且城市创新能力高，是促进我国经济社会发展的重要引擎。因此，京津冀城市群环境系统的健康、可持续发展也受到了高度的重视。

　　长期以来，随着京津冀城市群城镇化的不断深入推进，无序的城镇建设、不合理的产业结构、资源过度开发等导致京津冀生态环境容量与资源承载力严重超限，环境系统形势严峻，影响居民健康、限制城市建设和发展。虽然京津冀城市群近年来也积极响应国家关于环境安全的可持续发展战略，加大环境保护与污染预防力度，严厉打击污染环境的违法行为，关闭、取缔或转移大量重污染、高耗能企业，倡导生态文明建设等，环境污染的治理工作取得了一定的成果，环境健康急剧恶化的现象得到了一定的缓解，但由于历史发展模式的积累原因，京津冀城市群环境安全仍然是重中之重，环境污染的治理和预防工作还有待加强和完善。此外，信息时代的高速发展不仅为环境风险管理模式提出了更高的要求，同时也提供了一种高效、快速的管理方式，只要充分利用好现代化信息技术，加快建设信息化管控模式，就能很好地提升区域环境风险管理水平，促进京津冀城市群环境系统安全、健康、可持续发展。

　　第一，以京津冀区域环境风险为研究对象，在区域环境风险管理理论、风险系统理论以及有关政策法规基础上，界定了区域环境风险的内涵及相关概念，并根据风险来源、特征和性质将其划分为"风险源危险性""风险受体易损性""风险防控机制有效性"三类风险源。采用故障树分析法、文献综述法、案例分析法，从三类风险源入手深入挖掘京津冀区域4类典型的环境事件形成原因，梳理出三类风险源的主要风险影响因素。进一步采用因子分析法对初步识别的风险影响因素进行筛选优化，再根据国家或地方环境统计指标规范以及当前主流研究学者对环境风险指标的研究成果，结合京津冀城市群独有的特征，识别并构建了基于"风险源危险性""风险受体易损性"以及"风险防控机制有效性"三个维度的京津冀区域环境风险评价指标体系，共20项指标，其中"风险源危险性"分指标7项，"风险受体易损性"分指标7项，"风险防控机制有效性"分指标6项。此外，还对各项指标特征、内涵及指标间的相互作用机理进行了深入地分析，以便于目标的评价及管控路径的制定。

第二，对京津冀区域环境风险评价指标权重进行赋值。指标权重确定是目标评价的关键一步，因此本书对指标权重确定方法的选择做了全面分析对比，在充分考虑各类方法的优缺点后，本书将基于层次分析法的主观权重赋值和基于熵权系数法的客观权重赋值相结合来确定本书评价指标的权重，主客观方法相互弥补其不足，发挥各自优势，使得赋值结果更为合理、准确。首先，采用Satty等提出的1～9标度方法，邀请10位专家对指标体系各层级构建判断矩阵，然后采用层次分析法计算得到10位专家给出的指标主观权重集；其次，收集指标原始数据并进行标准化处理后，作为熵权系数法的基础数据，进行计算得出指标的客观权重；最后，将主客观权重有机组合为组合权重集，再根据评价主体做出决策的判断以及和熟悉程度计算出各评价主体的决策重要程度，加权并归一化处理后，得出最终的评价指标综合权重。

第三，对京津冀区域环境风险和京津冀协同环保政策有效性进行评价。首先，对京津冀各节点城市环境风险进行评价。本书采用了风险指数法构建环境风险评价模型，包括区域环境风险及其分指标的风险状态划分、单指标风险等级临界点的确定方法、综合区域环境风险等级临界值的确定方法。其次，根据风险值（指标风险度）计算出单指标的区域环境风险等级临界点，并对各节点城市评价指标风险等级进行确定。再次，根据单指标风险值计算出目标风险值及风险等级，并对评价结果进行分析、对城市不同风险特征进行分类，梳理出各类城市剩余风险及原因，作为京津冀协同环保政策有效性评价 HoQ 模型的政策功能维度指标。最后，采用 QFD 模型、构建 HoQ 模型，对京津冀环保协同政策有效性做出评价。

第四，根据京津冀区域环境风险和京津冀协同环保政策有效性评价结果，以京津冀协同发展这一国家宏观策略为大方向，提出适应于京津冀协同发展理念的环境风险管理意见，并构建了京津冀环境风险管控体系，不仅提出宏观的京津冀区域环境风险管控措施，还设计了环境风险防控与管理制度框架以及风险管控流程。此外，本书将风险预警纳入了风险管理体系，通过构建京津冀环境风险预警机制，目的在于利用先进的科学理念方法对环境系统要素进行动态监控和预警，从而预防和降低京津冀区域环境风险。

本书的主要创新点如下：

（1）采用故障树分析法、案例分析法以及因子分析法构建了京津冀区域环境剩余风险评价指标体系，包含了"风险源危险性""风险受体易损性"以及"风险防控机制有效性"三个子系统，并对京津冀区域环境风险做了评价研究；

（2）构建了京津冀协同环保政策有效性评价的 QFD 模型以及以政策功能和政策维度与政策功能的关联度为输入变量、以京津冀协同环保政策有效性评价值为输出变量的指标重要度排序 HoQ 模型，并对京津冀协同环保政策有效性评价进行了实证研究；

（3）构建了京津冀区域环境风险协同管控体系，重点给出了京津冀区域环境风险协同控制措施，设计了京津冀区域环境风险协同管控平台框架，构建了京津冀区域环境风险预警机制。

目　录

第1章 绪论

　　京津冀区域环境问题已成为社会各界关注的热点之一，虽然国家出台了一系列的区域环境治理政策措施，但是与环境质量较好的国家相比还是有很大差距。此外，国内外关于区域环境风险研究存在理论与实践脱节、评价环境风险问题具有较强的不确定性、评价环境风险多集中在对有毒有害活放射性物质层面、评价与决策管理间的衔接不畅等问题，因此构建一套针对区域环境风险的评价体系非常有必要。本书在国内外大量区域环境风险文献研究成果基础上，提出了研究背景及现实意义、研究目标、研究内容以及研究方法，设计了研究的技术路线，构建了研究内容框架。

1.1 选题背景和意义

　　环境是人类之外的一切相关事物，是人类赖以生存和发展的物质条件综合体[1]。自然环境是人类赖以生存的家园，但是人类的生产活动又无时无刻不在打破它原有的平衡，水环境的污染、严重的雾霾现象、大片森林的消失、草地的破坏，逐年增加的水土流失等就是人类社会恶性发展的结果[2-4]。京津冀城市群长期以来都是华北地区，乃至我国最重要的经济增长点，无论是从深度还是广度都发展迅猛，但是与经济社会发展给人类带来极大丰富的物质享受的同时，给环境带来的破坏却是不可逆转且影响深远的，它影响市民的正常生活，也严重制约了经济的可持续发展[5-11]。虽然出台了一系列的区域环境治理政策措施，但是与环境质量较发达国家相比还是有很大差距。根据国家环保总局公布的统计资料[12-14]：2013 年、2014 年、2015 年发生的污染事件数量分别是：1960 件、1145 件、1463 件，其中京津冀、长三角、珠三角环境污染事件次数所占比例如表 1－1 所示。

表 1－1　2013～2015 年全国环境污染事件件数统计表

年份	全国（件）	京津冀		长三角		珠三角		其他地区	
		数量（件）	占比（%）	数量（件）	占比（%）	数量（件）	占比（%）	数量（件）	占比（%）
2013	1960	382	19.49	291	14.85	113	5.77	1174	59.90
2014	1145	127	11.09	112	9.78	80	6.99	826	72.14
2015	1463	171	11.69	150	10.25	95	6.49	1047	71.57

从表 1－1 中可以看出，京津冀城市群在 2013～2015 年，环境污染事件件数占全国环境事件总数的 19.49%、11.09%、11.69%，总体上呈下降趋势，但是占全国比重仍然很高，而且跟我国其他城市群（长三角、珠三角）相比，各年比重均居于首位。基于此背景，继"十二五"发展战略规划中提出"京津冀一体化"这一国家战略以后，在 2015 年 12 月 30 日，《京津冀协同发展规划纲要》正

式发布并开始执行，截至目前，京津冀协同发展取得阶段性成效，其中区际间产业转移已经成为区域经济发展的趋势，但是随之而来的高污染高耗能产业由京津两地向河北省各地区，尤其是欠发达地区转移[9-11]。产业转移带来经济效益的同时，承接地环境保护与经济发展的矛盾日益凸显：①京津两地转出产业过半集中在污染密集型行业，如金属冶金、化工等，而承接地以粗放式的经济增长方式给环境带来了巨大压力；②产业承接地，尤其是欠发达地区为"招商引资"在盲目追求 GDP 的经济模式下，甚至降低环境规制和底线，成为污染物的"避难所"；③高耗能、高污染产业在京津冀区域间的重构，由此产生的环境保护责任、生态补偿职责问题如何能被公平、客观准确地衡量和分配；④产业转移规划中，不论是产业转出地还是承接地，都缺乏明确的环境污染物减排目标定位和减排指标分配，甚至承接产业与承接地环境承载能力、生态功能、资源禀赋、产业基础结构严重不协调。产业无序的转移、污染产业空间布局不合理使得京津冀城市群环境安全面临前所未有的挑战，使得产业转移从某种程度上变成了污染的转移，而区域间的污染转移不仅不能从整体上解决京津冀的环境污染问题，反而会使得污染扩散到生态环境本身就脆弱的欠发达城市和地区，给承接地环境系统造成不可逆转的破坏。同时对京津冀区域间环境协同治理也提出了新的挑战。

如何有效而又全面管控京津冀城市群环境风险已成为公众较为关注的社会问题，掌握京津冀环境风险形成规律才能从根本上杜绝环境风险事件的发生[16]。因此，本书在当前京津冀城市群协同发展背景下，针对京津冀环境日益恶化，从环境风险管理视角，对京津冀历年来的环境污染事件以及京津冀协同环保政策实施有效性进行了分析，旨在分析基础上找到影响京津冀环境安全的风险源及其影响因素，在此基础上利用京津冀分省市面板数据进行经验考察、评价，能够让环境风险管理者对不同风险源、不同风险受体有清晰的认识，可以为风险管理者提供环境风险管理和决策的科学依据。同时，提出科学的环境风险管控策略，为京津冀地区的生态环境建设和可持续发展研究提供重要的参考价值。因此，本书具有重要的理论意义和应用价值。

1.2　国内外研究现状

1.2.1　国外研究现状

（1）环境风险评价研究。

早在 20 世纪 70 年代，工业较为发达的国家，尤其是美国就已经开始研究环境风险评价[15]。从 20 世纪 80 年代起，荷兰对作为石油化工密集区的瑞金孟德地区提出了长期的风险评价研究；1980年，英国对泰晤士河口坎威岛石油化工区完成了风险评价[17-18]；1985 年，世界银行环境和科学部颁布了关于重大环境危险事件的指南及导则。1987 年，欧盟出台了专门的法律，对化学事件危险方面确立了环境风险评价。1988 年，联合国制订了 APELL 计划，以应对各类环境污染事件的发生，减少对人类造成严重危害。20世纪 90 年代后，不断发展完善的环境风险评价逐渐成为业界研究的焦点，相关学科也在不断发展和完善，美国重新修订和补充了评价技术指南，并针对这些内容制定出台了新的指南和手册。例如，暴露评价方面的指南被 1992 年的版本所取代；在 1998 年出台了关于神经毒物方面的风险评价指南；同年，又正式出台了环境风险评价指南，到 20 世纪 90 年代中期，加拿大、澳大利亚、英国等也开始研究环境风险评价等方面的工作。近年来，不少发达国家都将环境管理范畴中加入了评价环境风险一项，在项目的建设、制定相关政策及开发区域等相关工作中都将评价环境风险看作是其中的重要一部分[20,30-35]。

（2）环境风险评价方法研究。

1975 年，Water 认为环境风险评价应考虑政策的不确定性影响，Hilbom 将以上理论应用在渔业政策的影响结果分析，促进了环境风险评价理论的进展。Sadiqa 和 Husain 试图将模糊集理念运用到环境风险评价中[41]，Slater 和 Jones 提出以往的环境评价标准是稳定的，认为在一定条件下评价标准允许变化，采用特定值域或模糊标准替换固定的一个标准。模糊集理论促进了环境风险评价的发展，在 Gareth Llewellyn 的战略环境风险评价理念的基础上，Slater 和 Jones 提出了针对主观人为政策的战略评价，同时构建对应的模型。WHO/UNEP（2001）将其理解成"以科学的方法为基础"，在同一评价标准下评估人类活动、生物领域和资源环境风险的过程。所以，对环境风险评价范畴大于一般的事件风险、健康风险评价，可延伸到研究政策和人为错误导致的政策风险、战略风险等综合性风险。

以上评价方法中难以解决的是对问题不确定性的分析处置，主要有发生风险的时空不确定、外在影响的不确定性等，所以数据化分析处理风险的不确定性问题是重要的手段。通常用概率方法来进行处理不确定性风险，但是概率小而后果非常严重的风险不可以采用概率方法处置，如核风险。虽然风险评价方法日趋丰富，但结果也要求越来越精准，而不确定性处理一直是风险评价研究的核心内容[42-45]。

1.2.2　国内研究现状

（1）环境风险评价研究。

20 世纪 80 年代后期，我国对环境风险评价开始向狭义的层面发展，而真正意义上的起步要从 20 世纪 90 年代算起，并且当时主要是基于国外相关研究成果基础之上的，截至目前，我国尚未出台适合我国风险评价的相关程序及方法[19]。尽管如此，到 90 年代后，我国环境风险评价兴起，在针对一些化工、石油、核电、医药等方面的新建项目，要求开展环境风险评价，同时开始将评价健康风险工作深入到核工业系统研究中，并取得较大进展，关于风险评价的内容在一些法规及管理制度中都有所体现。1990 年，我国环保总局下发文件，要求评价可能存在的重大环境污染事件隐患；1993 年，国家环保总局颁布的《建设项目环境风险评价技术导则》，提出评价流程包括风险识别、源项分析、后果计算、风险评价、风险管理、应急措施共六项，与此同时，导则还明确指出，当前环境风险的相关评价方法尚不成熟，在收集资料或确定参数方面存在诸多困难[21-26]。1995 年，我国也针对中石化总公司开展了安全评价，并针对石油化工企业开展了应用实例研究。1997 年，国家制订了对健康危害方面的计划，特别针对燃煤大气污染方面的工作展开研究，并在评价水环境健康风险方面提出专门的模型及应用，环保局、化工部、农业部等提出了对农药生产单位加强监督管理废水排放的相关通知，对建设项目涉及生产农药方面的，在生产过程中可能引起水污染等情况的，要根据污染物的特征制定风险评价。2001年，国家经贸委制定了关于职业安全健康的指导意见及审核规范，用人单位应当制定必要的控制措施，以辨识危害、评价风险，对评价风险的结果应当形成文件，并建立相应的体系用于保持职业安全健康管理。近年来，我国也针对环境风险等方面的概念及分析方法进行专门研究，但由于评价机制不健全，在具体应用方面受到很大限制，很多研究还停留在理论层面和探讨技术路线阶段。此外，关于应用研究案例大多集中在测定环境污染物浓度方面或计算风险指数层面，并没有对环境风险的污染问题进行正面回答[27-29]。

而近年来针对各类环境问题的研究也证实了京津冀区域所面临的环境风险的严峻局面。如封志明（2006）研究了京津冀地区水资源供需平衡及水资源承载力，认为水资源短缺已成为影响京津冀地区21世纪经济社会可持续发展的主要制约因素；刘瑜洁等（2016）构建了集水资源压力—发展压力—污染压力—水资源管理压力（RDHM）于一体的水资源脆弱性评价指标体系，评价得出京津冀地区面临着水资源禀赋差，开发利用强度大，污染严重，水资源管理力度区域差异大等问题。周兆媛等（2014）认为除直接受局地大气污染物排放影响外，空气质量也受局地气象要素的影响。如气压、气温、降水量和相对湿度等；徐刚等（2013）对京津冀地区电采暖取代散烧煤产生的大气污染排放物进行了评估，认为此方案对缓解京津冀大气污染问题很有效；潘慧峰等（2015）研究了雾霾污染的持续性及空间溢出效应，雾霾污染存在较强的持续性，不同城市间的雾霾污染存在空间溢出效应；吴建生等（2015）基于土地利用变化研究了京津冀生境质量的时空演变，结果显示大量耕地转为建设用地、林地和草地间的相互转换及水体转为耕地，这导致了景观结构异质性的减弱和破碎度的提升、生境质量明显下降，甚至发生了一定生境退化乃至丧失现象、各流域生境质量具有明显分段特征。通过以上文献研究分析，可以看出环境风险如今已越来越引起国内学者的关注，在近些年的发展中也取得了较大的成绩。但是，纵观国内环境风险评价的研究现状和成果，目前仍存在一些问题和不足，如从目前的成果来看，研究对象主要集中在单个城市，而基于协同发展视角下整个城市群环境风险的研究较少；城市群环境方面的研究内容主要集中在经济增长与环境污染之间的关系，以及单一化学污染源导致的人类健康风险，不够全面，而城市化经济发展导致的城市群环境风险的影响因素方面的研究则相对薄弱；另外，对环境风险评价关注仅限于单纯的事件风险评价和健康风险评价，对于政策和人类活动失误所带来的政策风险和战略风险等综合风险研究较少，数学、系统学、计算机以及其他定量研究的先进技术和方法在环境风险管理方面应用不够广泛，而大量的定性研究也会导致研究结果的不确定性；环境风险管理（ERM）研究的不足，导致环境风险评价（ERA）结论不能很好地发挥作用。

（2）环境风险评价方法研究。

根据当时国家环境保护局批准的《建设项目环境风险评价技术导则》（HJ/T 169-2004），环境风险评价主要有定量和定性两种方法，如表1-2所示。

定性的评价是指以丰富的经验和主观的判断水平为原则，优点是简易方便，过程易掌握，缺点是过于依赖经验，有狭隘性，评价结果无法比较[36-40]。定量的评价是指通过构建模型对定量指标值进行数学分析，计算获得评价结果，通常有概率风险评价方法、破坏范围评价方法及危险指数评价方法。某些学者在研究一些特定问题时也建立了相应的模型和方法，如曾光明提出的风险不确定性问题定量分析方法、传递函数法、数值模拟法、置信区间法和二间矩法，采用多目标规划法、非参数回归法、回归分析法和专家意见法等降低风险的不确定性。也有将模糊数学、灰色系统、非线性回归、随机过程和可靠性系统工程等理论方法，与环境风险大数据、互联网计算机仿真模拟进行有效联系。

表 1-2 环境风险评价一般方法汇总

定性方法	定量方法	
安全表评价法 专家咨询观察法	概率风险评价法	故障树分析法、逻辑树分析、马尔可夫模型分析、模糊矩阵法、统计图表分析法
因素图分析法	破坏范围评价法	液体/气体/毒物泄漏/爆炸冲击波超压伤害模型
故障类型和影响分析法	危险指数评价法	F&EI 法、Mond 法、爆炸毒性指数评价法

目前，工程建设的事件风险是环境风险评价的主要领域，也是当下环境风险评价的关键，通常事件风险的评价重点是微观分析，主要辨识事件发生的概率，集中研究风险点对周围环境的内在影响，分析评价事件和危险源的自身风险性，不考虑与其他因素的相互作用引起的风险。这种风险评价分析的是局部区域，期限短，但部分污染事件污染影响的区域不局限于周边环境，构建整体区域的环境风险评价越来越重要。20 世纪 90 年代后期，部分学者提出关于健康

评价和时间风险的综合性风险评价（integrated risk assessment）。吴晓青等研究政策引起的环境风险问题，发现政策导致的环境生态失衡远超过工程建设造成的影响。环境风险评价重点逐渐关注到综合风险评价，但是只形成了概念模型，系统体系还不够成熟，继续完善评价标准理论和方法，是未来环境风险评价的重要内容，也是本书将要研究的一个主要方面。

1.2.3　研究现状评述

从理论到方法，关注环境风险评价的学者越来越多，并受到众多国家的重视。特别是近几年里，这个领域获得了较大的成绩。但是，综观国内外相关的研究表明，现阶段的研究仍然存在一些问题和不足，具体表现如下：

（1）理论与实践脱节。现阶段，从理论框架到技术路线，在评价环境风险方面基本形成体系，并且很多国家已经意识到该领域的重要性，在开展相关工作时制定了诸多法律法规。但是，实践过程中仍然存在诸多问题和不足，特别是很多评价环境的文件并未涉及健康、环境风险的相关内容。由此可见，应该将理论层面的研究引用到实际的评价操作中来。

（2）不确定性问题。关于评价环境风险问题，最大的特征便是具有较强的不确定性。复杂的客观世界，人类在认识的过程中带有局限性，很多现象导致风险的产生，但人类对此缺乏科学的认识；现阶段，有关环境风险的诸多研究中，信息和资料都很有限，基础性资料严重缺乏，这也导致最终的评价结果具有很大的不确定性；所有关于处理信息的方法及模型，从推理、计算到决策都未能客观反映实际；此外，现阶段没有一个大众认可的风险标准，因此在评价环境风险中还缺乏统一性。

（3）研究领域尚需拓宽。在评价环境风险时，很多时候都集中在对有毒有害活放射性物质层面，可能对环境风险造成影响的其他方面研究较少；在研究领域更多集中在突发性事件的研究上，对非突发性的事件研究过少；急性毒性风险的研究较多，但长期慢性的风险研究较少。

（4）评价与决策管理间的衔接不畅。所有评价环境风险的行为最终都是为风险管理者出台决策所用。但是现阶段，出台决策时却未以环境风险的评价作为决策。对风险的评价结果并未完全能作为决策的依据，在制定决策管理时还需要参考经济条件、公众意识、利益集团等众多因素。由此可见，评价环境风险结果在环境风险的决策层面发挥的作用尚需加强。

1.3　论文研究内容结构

本书共分为 7 章，其中 2~6 章作为本书研究的核心章节。每章具体研究内容概括如下：

第 1 章：绪论。主要介绍本书的研究背景及现实意义、国内外研究现状、研究内容结构、研究的技术路线。

第 2 章：京津冀区域环境风险分析。界定京津冀区域环境风险内涵，采用故障树、案例分析、现场调查等方法识别京津冀区域环境风险源及其风险影响因素。

第3章：京津冀区域环境风险评价指标体系构建。在第2章京津冀区域环境风险影响因素初识基础上，初步识别风险影响因素对应评价指标，运用因子分析法优化指标体系，并对京津冀环境风险特征进行分析。

第4章：京津冀区域环境风险评价。构建基于AHP－熵权法的京津冀区域环境风险指标定权模型，采用风险指数法对京津冀区域环境剩余风险进行评价，并对评价结果进行分析，对不同风险特征的城市进行分类，为京津冀协同环保政策功能指标的确定提供依据。

第5章：京津冀协同环保政策有效性评价。主要以京津冀协同环保政策为研究对象，采用QFD方法，构建HoQ模型，对现有京津冀生态环保协同相关政策是否在解决京津冀区域环境剩余风险问题上能发挥有效的作用进行评估，为京津冀区域环境协同政策的进一步完善提供依据。

第6章：京津冀环境风险协同管控措施及平台框架设计。建立一套完整而有针对性的京津冀城市群环境风险管理体系，制定科学、有效的环境风险管控措施，提高京津冀区域间协同环保效率。

第7章：结论与展望。对本书研究成果以及研究创新点进行总结，并说明本书研究内容存在的不足，对未来研究方向进一步规划。

1.4 论文研究技术路线

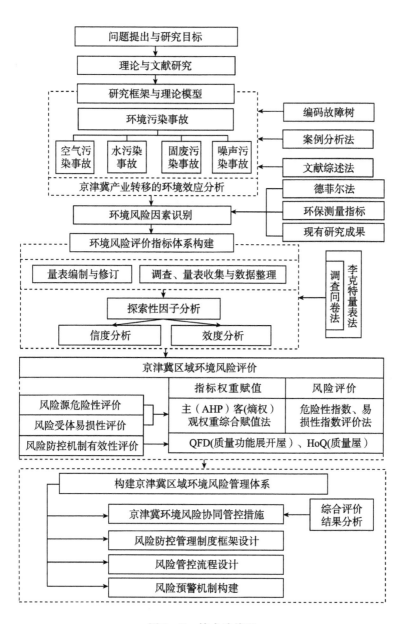

图 1-1 技术路线图

1.5 本章小结

    本章作为全书的绪论，首先对京津冀区域环境现状进行分析，验证了本书研究的必要性；其次对区域环境风险评价理论、方法、国内外研究现状进行全面梳理分析，找出现有区域环境风险研究的不足，如，理论与实践脱节，不确定性问题，研究领域尚需拓宽，评价与决策管理间的衔接不畅等。针对以上不足，确定了本书研究思路、研究内容和研究方法，构建了本书研究内容结构和研究技术路线。

第2章 京津冀区域环境风险分析

为了分析京津冀区域环境风险的影响因素，本章首先从整体上对京津冀区域概况进行了解；其次，在区域环境系统理论以及区域环境风险研究成果基础上，界定了环境风险概念，并对区域环境风险来源进行了划分；最后，采用案例分析以及故障树原因分析法，对近几年京津冀区域发生的环境污染事件进行了分析，初步梳理出京津冀区域环境风险源及其风险影响因素。

2.1 京津冀区域概况

京津冀城市群在全国国土利用结构中占有独特的地位，因此，其中心城市具有全国的意义，作为中心城市，发展联系密切，在城市群整体经济发展中发挥主导作用，对周边区域有重要的影响[46]。京津两地作为全国一级的重要城市，负责带动整个华北地区、西北地区以及东北地区的发展。从整个城市群的空间结构可以看出，沿着铁路沿线布局，已然形成了以京津唐三大城市为中心的多中心空间结构群，每个中心城市有由内而外的辐射，它们之间各具功能特点但又紧密相连,有机地形成"市—郊—县—乡镇"多层次空间结构[47-49]。

2.1.1 北京市区域概况

(1) 自然地理概况。

北京市地处华北大平原的北部,西侧为西山,属于太行山脉,北侧为军都山,属于燕山山脉。西山与军都山相会于南口关沟,构成一个环抱东南的北京弯。全市面积16410.54平方千米。地理坐标介于北纬39度56分,东经116度20分[50]。

北京东侧与天津相接,东南部距离渤海约150千米,其他周边与河北省相邻,整体地势西北高东南低。其西侧、北侧及东北侧均为山脉,沿东南向为倾斜的平原。平原部分的海拔在20~60米,山区海拔在1000~1500米,最高峰为东灵山,海拔达到2303米[51]。

北京为暖温带半湿润的大陆性季风气候,四季划分明显,春季和秋季时间短,夏季和冬季时间长。夏季炎热多雨,冬季寒冷干燥。全年的平均温度为10℃~13℃,1月气温最低,平均温度在-7℃~-4℃,7月气温最高,平均温度在25℃~26℃,极低温度为-27.4℃,极高温度在43℃以上,无霜期180~200天,山区时间较短。全面平均降雨量为600多毫米,是华北区域降雨较多的地区,山前迎风坡达到700毫米以上,降水季节不均匀,75%以上降水处于夏季,七八月份多有暴雨[52]。

(2) 区域人口及社会经济。

北京全市共辖16个区。2017年末,北京全市常住人口2170.7万人。

北京市 2017 年国民经济和社会发展统计公报显示：初步核算，全年区域生产总值 2800.4 万亿元，比上年增长 6.7%。其中，第一产业增加值 120.5 亿元，降低 6.2%，第二产业增加值 5310.6 亿元，增长 4.6%，第三产业增加值 22569.3 万亿元，增长 7.1%。三次产业构成由上年的 0.5∶19.3∶80.2，调整为 0.4∶19.0∶80.6。按常住人口计算，全市人均地区生产总值达到 12.9 万元。

北京市未来的发展需按照《北京城市总体规划（2016～2035年）》和京津冀协同发展规划纲要的战略要求，紧密联合天津、河北周边区域，建设区域内新型合作模式，共同推进京津冀协同发展一体化大格局。

2.1.2　天津市区域概况

（1）自然地理概况。

天津位于华北地区的东北方向，东侧紧邻渤海，北侧依靠燕山，西侧毗邻北京，海河流域的五大支流南运河、子牙河、大清河、永定河、北运河由此汇集入海。天津市总面积 11919.7 平方千米，其中海岸线长 153.334 千米，地理坐标北纬 38 度 34 分～40 度 15 分，东经 116 度 43 分～118 度 4 分，位于东八区[50]。

天津地理位置优越，处于中国北部海岸的中间位置，距离北京 120 千米，是拱卫京城的关键区域。天津的地势西北高、东南低。有山地、丘陵和平原三种地形。天津最高峰八仙桌子海拔 1052 米，最低处大沽口海拔为 0[53]。

天津地处中纬度欧亚大陆东岸，属于大陆性气候，主要受季风环流的影响，特别是东亚季风盛行。年平均风速为 2～4 米/秒，多为西南风；天津年平均降水量为 520~660 毫米，降水日数为 63~70 天；天津还有相当丰富的自然景观资源，有 8 个自然保护区，总面积为 1645 平方千米，占全市总面积的 13.8%；全市有大型水库 3 座，总库容量 3.4 亿；天津市金属和非金属矿产资源丰富，已探明的就有 20 多种；另外还有充足的油气资源、海盐资源、地下热水资源、生物资源和海洋资源等[54]。

（2）区域人口及社会经济。

天津属于中华人民共和国直辖市，天津现辖 16 个区。2017 年末，天津市人口 1557.0 万人。

根据 2017 年天津市国民经济和社会发展统计公报，本年度全市生产总值约 18595.38 万亿元，比上年增长 3.6%。按三类产业划分，第一产业增长加值 218.28 亿元，增长 2.0%，第二产业增加值 7590.36 亿元，增长 1.0%，第三产业增加值 10786.74 亿元，增长 6.0%，三类产业结构比值为 1.2∶40.8∶58.0。

天津市未来的发展将根据国家的产业政策和自身优势，不断壮大支柱产业，形成技术先进的综合性工业基地和北方商贸金融中心，协调经济发展、城镇化建设与环境保护的共同实施，逐步形成并保持良好的城市容貌。着重加强生态环境保护建设，从总体大局出发，全面部署城市环保基础设施，推进生态保护工程的建设，落实污染的重点防治和综合治理，逐渐建设环境宜居的现代化城市。

2.1.3 河北省区域概况

（1）自然地理概况。

河北，位于中纬度，主要由沿海和内陆交汇而成，西北高、东南低，地势由西北向东南方向逐渐降低。地貌由西北向东主要为坝上高原、燕山和太行山区、河北平原。地理坐标为东经 113 度 27 分 ~119 度 50 分，北纬 36 度 05 分 ~42 度 40 分。其海岸线长达 487 千米，总面积约 18.77 万平方千米。

该地区属于温带大陆性季风气候，四季划分明显，全年日照 2500 ~3100 小时，无霜期 120 ~200 天，平均降水量 524.4 毫米，平均气温 3℃ 以下，7 月气温在 18℃ ~27℃[55-56]。

（2）区域人口及社会经济。

区域内总人口 7519.2 万人（2017 年），包含 11 个地级市，2 个省直管市。根据河北省 2017 年国民经济和社会发展统计公报，全省生产总值 35964.0 万亿元，增长 3.9%。按产业划分，第一产业增加值 3507.9 亿元，增长 3.9%；第二产业增长值 17416.5 亿元，增长 3.4%；第三产业增长值 15039.6 亿元，增长 11.3%，全省生产总值按产业构成比重（第一产业：第二产业：第三产业）为 11.0：47.3：41.7。

全省规模以上工业能耗 2.05 亿吨标准煤，比上年增长 0.35%；单位工业增加值能耗 1.745 吨标准煤/万元，降低了 4.25%。根据 2015 年河北省经济年鉴，能源生产总量结构，其中原煤占 75.43%，石油占 12.44%，天然气占 3.42%，一次电力占 8.72%。能源消费总量结构，其中原煤占 88.46%，石油占 6.98%，天然气占 2.54%，一次电力占 2.02%。2014 年原油生产量 592.4 万吨，2010 年原煤生产量 10199.27 万吨。

2.2　京津冀环境事件统计分析

　　环境污染事件其基本特征有：①污染形势不确定、污染事件类型多样、造成污染的原因复杂；②污染事件一般是长期积累后突然爆发；③污染具有影响范围广泛性；④环境污染具有不可逆转的破坏性[57-59]。为了预防环境污染事件的发生，降低污染造成的损失，维持京津冀区域环境系统健康可持续发展，构建完善的京津冀区域环境风险预防管理体系，对已发生事件进行归因分析、总结事件经验教训是十分必要的[60]。

　　本书根据当时国家环保部发布的"12369"环保举报热线群众举报环境污染案件[61-62]，对2013~2016年京津冀重点环境污染城市每月的环境污染举报案件进行统计分析，首先根据统计结果梳理出京津冀近年来发生的主要环境污染事件类型，根据国家环保部环境事件统计类型分类，水污染事件（废水污染）、空气污染事件（烟尘污染、粉尘污染、恶臭异味）、噪声污染和固废污染（垃圾处置违规、随意堆放）这四类环境污染事件占总环境事件的80%以上，所以本书主要以以上四类环境污染事件作为研究重点进行统计分析，而主要研究的这四类风险又占不同比重，统计结果如表2-1所示。各类事件各占百分比如图2-1所示。

表 2 - 1 2013～2016 年京津冀群众举报并受理环境污染案件统计表

年份	事件类型											
	水污染（件）			空气污染（件）			噪声污染（件）			固废污染（件）		
	京	津	冀	京	津	冀	京	津	冀	京	津	冀
2013	2	7	46	6	14	103	1	2	28	0	2	10
2014	2	5	11	6	25	36	0	4	9	0	1	2
2015	0	7	7	7	24	16	1	3	5	0	2	0
2016	0	2	8	1	11	15	1	2	5	1	0	0
总计	97			264			61			18		

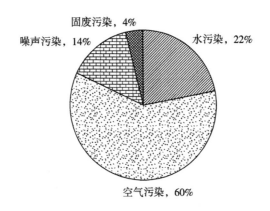

图 2 - 1 各类事件所占比重

2.3 基于故障树事件原因分析

编码故障树（CFT，Coded Fault Tree）是采用回忆追溯的方式分析事件发生的全过程。它与其他编码树不同之处在于只采用与门来构造树，分析哪些事件是触发事件发生的原因，而不是预测事件发生的可能性原因[63-65]。

根据表2-1统计显示，水污染事件、空气污染事件、噪声污染事件以及固废污染事件四类为危害群众安全的主要环境事件，可见只有对这四类环境污染事件采取相应的风险预防措施，才能实现环境系统的安全。而要想制定有效的管理措施，首先必须对各类事件发生的根本原因进行分析，才能有的放矢。

2.3.1 环境风险内涵界定及来源划分

环境风险具有很强的不确定性，主要原因归于危险发生的未知程度以及人类无法对其影响做出准确无误的估算。而风险影响因素是通过自然原因或人为原因，在环境媒介的作用下，对人类社会和生态环境造成负面影响[1]。

为更加系统认识区域环境风险，首先要对环境风险来源有更加明确、全面的认识。本书通过对区域环境风险系统理论及相关领域主流学者的研究成果梳理分析，总结归纳出本书研究的区域环境风险来源并进行划分，研究成果对比分析如表2-2所示[66-75]。

表2-2　区域环境风险研究对比

理论及观点来源	风险来源划分
王竞优，石磊等	环境风险源、环境风险受体
宋建波，武春友等	生态环境水平、生态环境压力、生态环境保护
区域环境风险理论	风险源、初级控制机制、次级控制机制、风险受体
环境风险区划理论	风险压力、控制机制有效性、受体易损性
孙晓蓉，邵超峰等	驱动力、压力、状态、影响、响应

通过以上研究成果的综合分析，可以得出人们对于环境风险是可以有一定作为而不是只能被动接受，不应将其单纯地认定为一种风险释放的过程。从区域环境风险研究成果分析总结中不难发现，除环境风险源外，环境现状容量水平也是城市发展的制约因素，而城市环境容许的极限值、环境容量等是和受体的易损性相关的，环境污染和环境保护能力是对环境情况最直接的描述，而环境风险控制机制和环境容量是通过影响风险源大小来间接决定环境风险的大小。因此，我们应该认识到环境风险是一个复杂的体系，涵盖了环境风险生成及对其进行控制的全过程，该体系便是所谓的环境风险系统[74]。

对此，本书综合考虑以上分析，将环境风险源划分为以下三方面：风险源危险性、风险受体易损性以及风险防控机制有效性风险，并分别从这三方面识别其风险源。本书将这三个风险因素定义如下[69]：

风险源危险性主要反映自然因素、人为因素以及社会经济发展给生态环境所带来的消极影响，它们可以以污染源释放的形式直接对环境造成损害。

环境风险受体易损性主要反映区域社会环境系统对环境风险的敏感程度和环境系统失去平衡后的恢复能力，影响因素来自社会经济状态、环境资源状态、人口状态等。

风险防控机制有效性主要反映为恢复环境健康发展状态、预防环境风险形成而采取的响应措施的实施效果。

通过对环境风险内涵的界定、来源划分，下面将从这三个方面的风险因素入手，对近年来京津冀区域典型环境污染事件进行案例分析以及故障树因果分析。

2.3.2　空气污染事件分析

　　据查阅资料及相关报道显示，京津冀已经成为中国空气污染最严重的地区，中国空气污染最严重城市前20，就包含京津冀城市群11个节点城市，其中7个河北省的城市甚至处于全国前10个污染最为严重的城市。通过《环境空气质量标准》（GB3095 - 2012）对2013年京津冀各城市的 SO_2、NO_2、CO、O_3、PM10、PM2.5等指标的监测评估，京津冀城市群全年空气质量达标天数不足40%，而主要污染物为 SO_2、PM2.5。PM也称为可吸入颗粒物，是大气污染的主要成分之一，对人体伤害极大，也是导致死亡率、肺部疾病增加的罪魁祸首，同时也影响到了区域正常生产、生活活动[76-81]。

　　通过文献调查发现，空气污染事件类型按照污染来源并参照国家环境统计指标分为：工业污染、农业污染、城镇生活污染、机动车尾气污染几大类。对2013~2016年京津冀空气污染案件统计如表2 - 3所示。

表2 - 3　2013~2016年京津冀空气污染案件类型统计

时间	工业污染（件）			农业污染（件）			城镇生活污染（件）			机动车尾气污染（件）		
	京	津	冀	京	津	冀	京	津	冀	京	津	冀
2016		11	30					1	1			
2015	6	19	19			1	1	3	1	13		
2014	6	21	39					2	2			
2013	7	16	100			3	1	3	2			
占比	88.96%			1.3%			5.5%			4.22%		

根据《国家环保部应急与事件调查中心》所提供资料，对 2013～2016 年期间所发生的空气污染案例进行统计分析[82]。统计结果显示，工业污染事件占总事件的 88.96%，农业污染、城镇生活污染以及机动车尾气污染事件相比工业污染比例极小，所以本书主要分析工业废气排放带来的空气污染。京津冀城市一直以来都是属于重工业城市群，京津冀区域的工业类型主要集中在钢铁、石油、煤化工这些高耗能产业。据统计，工业仍是大部分城市的主导产业，尤其是河北的一些重工业城市，而这些产业也是工业"三废"的根本来源。以下对近年部分典型的京津冀区域空气污染事件案例进行分析如表 2-4 所示。

通过对近几年京津冀主要空气污染事件类型部分典型案例分析结果，为了更清晰地展现京津冀空气污染事件因果关系，本书梳理并给出导致各类空气污染事件发生的故障树原因分析图，分析结果如图 2-2 所示。

通过对 2013～2016 年京津冀地区部分典型工业废气污染事件类型的原因统计分析，得出影响"风险源危险性大小"的因素包括"废气、粉尘排放超标""污染企业密度大"以及"污染空气跨区域扩散"，另外，值得注意的是京津冀城市群机动车保有量从 1999 年的约 200 万辆飞速增长到 2013 年的 1600 万辆。随之而来的是机动车尾气排放量的逐年增加，据研究监测显示数据显示，机动车尾气中含有的 SO_2、氮氧化物等混合物及反应物产生的颗粒物正是雾霾的成分之一，这种物质本身就是有害成分，是导致雾霾的直接原因，因此，需将"汽车尾气排放"这一污染源考虑进去；影响"风险受体易损性大小"的因素主要从环境敏感性和恢复力两方面考虑，包括"生态环境脆弱性""人口密度""敏感人群比例大小""社会经

表2-4 京津冀区域空气污染典型案例分析

序号	时间	事件描述	污染源	污染源（直接原因）	间接原因	
					受体状态（人/自然环境）	风险防控机制
1	2016.12.21	河北一化工企业发生疑似化学品中毒事件	工业废气	有毒化学物品泄漏	距离商居民区较近	风险应急措施不完善，风险管理能力不足
2	2015.10.20	河北矿区盗采石料事件	工业粉尘	石料生产产生大量粉尘	周边粉尘敏感人群密度高	环境监管相关部门失职
3	2015.8.14	天津滨海新区危险品仓库爆炸事件	工业废气	爆炸导致危险品泄漏	临近海岸，环境风险敏感度高	危险品管理混乱，事件应急能力差
4	2014.3.7	唐山开滦一化工公司爆炸事故	工业废气	爆炸导致化工原料泄漏	临近居民区，人口风险敏感度高	应急预案不完善，企业安全管理水平低
5	2014.1.17	北京空气重污染事件	工业废气 生活废气 机动车尾气 工业粉尘	周边及本地区工业废气、固废违规处理、建筑扬尘、汽车尾气排放累积	高污染、高耗能产业集聚，人口集聚，机动车增加	环境风险防控机制不完善，跨区域协调机制不完善
7	2013.3.18	河北省清苑县魏村镇齐资庄村废旧塑料加工摊点违法生产事件	工业废气	刺鼻气体无组织排放	工厂地处居民居住区，人口风险敏感度高	无污染防治设施，日常监管惩治力度不够
10	2014.8.15	石家庄市无极县东侯坊乡东阳村动物饲料厂环境污染事件	工业烟尘	饲料加工产生的烟尘排放超标	工厂地处居民居住区，人口风险敏感度高	无除尘设备，环境监管力度不够
12	2013.11.21	河北省保定市清苑县耿庄村砖瓦厂排放烟尘事件	工业废气	一次能源直接燃烧，烟尘排放超标	临近居民区	无污染治理设施；工商、环保部门无审核、审批、监管力度不够

续表

序号	时间	事件描述	污染源	污染源（直接原因）	间接原因		风险防控机制
					受体状态（人/自然环境）		
13	2013.12.9	天津市北辰区德鑫洗浴中心粉尘事件	工业废气	煤炭直接燃烧院产生大量烟尘	周围人口集聚，污染敏感度高		无隔离防护设施，工商、环保部门监管缺失
14	2014.4.4	天津市蓟县上辛庄村国料点粉尘污染环境事件	工业废气	排放粉尘超标	周围人口集聚，污染敏感度高；生态环境脆弱		未配备防尘设备，地方环保局监管、管理工作失职
15	2014.4.9	河北省张家口市怀安县渝香园食府油烟污染事件	工业废气	直接排放刺鼻性油烟	周围人口集聚，污染敏感度高；生态环境脆弱		环评审核不严，环境污染监督不力
16	2013.4.15	河北润邦化工有限公司烟尘异味污染事件	工业粉尘	一次能源直接燃烧产生大量烟尘，化工原料未采取防护措施散发的刺激性气味	周围人口集聚，污染敏感度高；生态环境脆弱		环评审核不严，环境污染监督不力
17	2015.2.26	天津市蓟县德俊粉煤灰销售处粉尘无组织排放事件	工业粉尘	粉煤灰粉尘随处扬散	周围人口集聚，污染敏感度高；生态环境脆弱		企业环境管理意识淡薄，当地环保部门监管不力
18	2014.9.16	石家庄市长安区市政建设总公司混凝土加工厂违法排放粉尘事件	工业粉尘	工厂粉尘违规排放，周边工厂集聚	工厂距离居民区太近，周围人口集聚，污染敏感度高		企业违法，环评审核不严，环境污染监督不力
20	2015.6.8	北京市大兴区两家防水材料公司异味扰民事件	工业废气	废气污染违规排放，周边工厂集聚	周围人口集聚，污染敏感度高；生态环境脆弱		当地环保局监管不严
21	2015.8.19	天津石油化工厂废气超标事件	工业废气	排放的烟气和恶臭超标，周边工厂集聚	周围人口集聚，污染敏感度高；生态环境脆弱		当地环保部门没有及时履行监管、审核职责

序号	时间	事件描述	污染源	污染源（直接原因）	受体状态（人/自然环境）	间接原因	风险防控机制
23	2016.5.1	邯郸市大名县糠醛厂"黑色烟尘"污染事件	工业粉尘	生产烟尘未经处理直接排放	周围人口集聚、污染敏感度高；生态环境脆弱		环境监管部门失职
24	2016.5.1	唐山市迁西县津西万通钢铁厂烟尘污染事件	工业粉尘	工厂烟尘排放超标	周围人口集聚、污染敏感度高；生态环境脆弱		当地环保部门没有及时履行监管、审核职责
25	2016.5.1	天津市宝坻区太阳花暖通建设备有限公司有害气体气体污染事件	工业废气	生产过程产生大量有害气体直接排放	周围人口集聚、污染敏感度高；生态环境脆弱		环境监管部门失职
26	2016.3	衡水市景县连镇乡赵官寺村天正精工模具有限公司烟尘污染事件	工业粉尘	烟尘通过冲天炉直接排放	周围人口集聚、污染敏感度高；生态环境脆弱	违规生产	环保部门失职
27	2016.4	保定涿州市宁庆元乳化沥青厂烟尘污染事件	工业粉尘	燃煤产生的烟尘直接放污染空气	周围人口集聚、污染敏感度高；生态环境脆弱	违规生产	环保部门失职
28	2016.4	石家庄市辛集市王庄营村的三家小炼油厂污染事件	工业废气	废气直接排放	周围人口集聚、污染敏感度高；生态环境脆弱		环保部门执法不严，监管不力
29	2016.3	沧州黄骅市沧鑫五金厂烟尘污染事件	工业粉尘	大量黄色烟尘排放污染空气	周围人口集聚、污染敏感度高；生态环境脆弱		环保部门执法不严，监管不力
30	2016.3	唐山市丰南区盛达造纸厂烟尘污染事件	工业粉尘	烟尘直接违规排放超标	周围人口集聚、污染敏感度高；生态环境脆弱		环保部门执法不严，监管不力
31	2016.3	衡水市景县精工模具厂烟尘污染事件	工业粉尘	烟尘未经处理排放超标	周围人口集聚、污染敏感度高；生态环境脆弱		当地环保部门没有及时履行监管、审核职责

续表

序号	时间	事件描述	污染源	污染源（直接原因）	受体状态（人/自然环境）	间接原因	
						风险防控机制	
32	2016.3	石家庄市行唐县两家无名铸造厂烟尘污染事件	工业粉尘	一次能源消耗产生大量烟尘废气排放超标	周围人口集聚高；生态环境脆弱	污染敏感度	当地环保部门没有及时履行监管、审核职责
33	2016.3	廊坊市大城县废铝冶炼厂废气污染事件	工业废气	工业废气、烟尘排放超标	周围人口集聚高；生态环境脆弱	污染敏感度	环保监管部门失职
34	2016.3	保定市顺平县毅顺化工有限公司烟尘污染事件	工业粉尘	煤炭燃烧产生大量黑烟直接排放	周围人口集聚高；生态环境脆弱	污染敏感度	当地环保部门没有及时履行监管职责，能源使用及排放标准不完善
35	2016.3	承德市隆化县姚吉营砖厂烟尘污染事件	工业粉尘	煤炭直接燃烧产生的废气排放超标	周围人口集聚高；生态环境脆弱	污染敏感度	当地环保部门失职，执法不严
36	2016.3	天津市蓟县柳子口村砖厂烟尘污染事件	工业粉尘	煤炭直接燃烧产生的废气外排	周围人口集聚高；生态环境脆弱	污染敏感度	当地环保部门失职，执法不严
37	2015.12.10	河北省保定市唐县美达铸造厂粉尘污染事件	工业粉尘	打磨车间产生的粉尘排放超标	周围人口集聚高；生态环境脆弱	污染敏感度	未及时对其进行环保验收，环保查不严
38	2016.1.18	河北省廊坊市广阳区小泡沫颗粒加工作坊违法排放废气事件	工业废气	塑料加热产生的废气直接排放	周围人口集聚高；生态环境脆弱	污染敏感度	环保部门监管不力，现场督察不及时
39	2016.3.8	河北省邯郸市鸿安交通建设施有限公司违法生产事件	工业废气	煤炭直接燃烧产生的废气外排	周围人口集聚高；生态环境脆弱	污染敏感度	日常监管力度不够，现场监管频次低

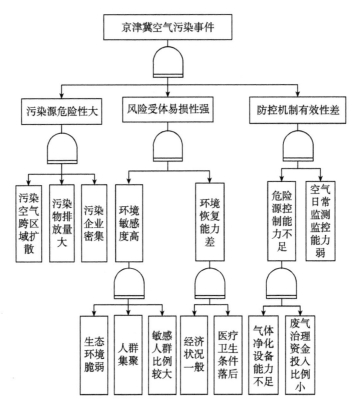

图2-2 京津冀空气污染事件故障树分析图

济状况""医疗卫生条件"等;"风险防控机制有效性大小"的影响因素主要从源头控制和过程控制两方面考虑,包括"污染气体净化设备效率""空气治理资金投入比例""空气日常监测能力、范围"等因素。采用故障树分析梳理出的京津冀空气污染风险的主要风险源及其风险影响因素,如表2-5所示。

表2-5 典型空气污染事件主要风险影响因素

风险源	风险源危险性	风险受体易损性	风险防控机制有效性
风险影响因素	废气、粉尘排放超标	生态环境脆弱	污染气体净化设备效率
	污染企业密度大	人口密度	空气治理资金投入比例
	汽车尾气排放	敏感人群比例大小	空气日常监测能力、范围
	污染空气跨区域扩散	社会经济状况	
		医疗卫生条件	

2.3.3　水环境污染事件分析

根据对京津冀近年来三地废水、化学需氧量、氨氮排放量的监测数据分析发现，污染虽然有所减少，但是治污效果并不明显，其中河北各项指标超标严重。中国环境监测总站发布的《全国地表水水质月报》显示，2016 年京津冀区域地表水总体为中度污染。因此，京津冀地区的水污染问题治理任重而道远。治理水污染首先需要对京津冀区域内存在的水污染事件原因进行深入分析，才能"对症下药"，从而达到有效的治理效果[83-90]。

本书水污染案例数据来源于《国家环保应急与事故调查中心》所统计的 2013～2016 年各月京津冀地区内发生的水污染事件。统计中，将污染事件按照来源不同划分为"工业水污染""生活水污染""跨界水污染"三类事件，如表 2-6 所示[82]。

根据对近年来京津冀地区典型水污染事件统计分析结果，构建京津冀各类水污染事件的故障树分析，如图 2-3 所示。

通过对 2013～2016 年京津冀地区的典型水污染案件的统计分析得出，影响"风险源危险性大小"的因素包括"污水排放超标""污染企业密度大"以及"污水跨区域流动"；影响"风险受体易损性大小"的因素主要从环境敏感性和恢复力两方面考虑，包括"生态环境脆弱性""公众环保意识薄弱""社会经济状况""医疗卫生条件"等；"风险防控机制有效性大小"的影响因素主要从源头控制和过程控制两方面考虑，包括"污水净化设备效率""污水治理资金投入比例""水环境日常监测能力、范围"等因素。运用故障

表2-6 2013～2016年京津冀水污染事件事件统计分析

序号	时间	事件描述	污染源	污染源（直接原因）	间接原因	
					受体状态（人/自然环境）	风险防控机制
1	2015.8.14	天津滨海新区危险品仓库爆炸事件	危险品爆炸	危险品泄漏带来水污染	临近海岸，环境风险敏感度高	危险品管理不严，事件应急能力差
2	2011.6.19	京杭大运河通州河段水污染事件	生活污水	城市生活废水排放；重工业集聚，工业废水大量产生	人均水资源匮乏，水环境自净能力弱，敏感力强	污水处理能力不足，环保部门监管不力，污水治理政策不到位，治理资金投入不足
3	2013.5.28	河北省涿鹿县隧道施工废水污染事件	工业废水	周边工厂废水直接排入河道，隧道施工污水，周围居民生活垃圾污水污染	工业企业环保意识薄弱	工业企业污水处理配备不齐全；环保监管部门不到位，惩治力度不够，环保法规落实不到位
4	2011.6.13	河北省固安县部分村民重金属中毒事件	工业废水	有害金属废弃物堆弃，渗透导致土壤污染、水环境的污染	生态环境脆弱，敏感度高	污染处理配套设施不完善，环保制度不完善，环境监测覆盖率低，风险应急预案不完善
5	2013.3.18	河北省清苑县魏村镇齐贤庄村废旧塑料加工摊点违法生产事件	工业废水	清洗废水不经处理外排，废旧塑料堆存	工业企业环保意识薄弱	无污染防治设施；日常监管，惩治力度不够
6	2013.8.8	天津市蓟县新潮肉联厂动物检疫申报点排放废水污染事件	工业废水	排放大量废水	工业企业环保意识薄弱	污水处理能力不足，监管，惩治力度不够

续表

序号	时间	事件描述	污染源	污染源（直接原因）	间接原因	
					受体状态（人/自然环境）	风险防控机制
7	2013.12.9	天津市北辰区德鑫洗浴中心违规排放废水事件	生活污水	排放未经处理的剩菜味道废水	公众环保意识薄弱，生态环境脆弱	未安装废水无害化处理设施；未办理环保审批手续，环保部门失职
8	2014.9.16	石家庄市长安区市政建设总公司混凝土加工厂废水污染事件	工业废水	生产废水经沉淀后排至滹沱新河支流	高污染企业临近水源地，水环境自净能力弱，敏感度高	无污水处理设施；环评审核不严，环境污染监督不力
9	2015.5.11	天津市宝坻区嘉立荷牧业公司养殖废物污染事件	生活污水	动物粪便堆积、粪水渗透污染	污染源临近水源地	未采取防污措施；环评审核不严，环境污染监督不力
10	2015.9.17	天津市静海县民生电镀厂废水污染事件	工业废水	废水化学需氧量超标	高污染企业临近水源地，水环境自净能力弱，敏感度高	污水无害化处理设施不符合需求，环境监管部门失职
11	2016.5.1	邯郸市大名县糠醛厂废水污染事件	工业废水	生产废水通过厂区内私打水井排入地下	高污染企业临近水源地，水环境自净能力弱，敏感度高	无环保设备，违法操作；环境监管部门失职
12	2016.3	唐山市丰南区盛达造纸厂废水污染事件	工业废水	废水直接外排，未采取无害化处理	高污染企业临近水源地，水环境自净能力弱，敏感度高	未按环保标准配备环保设备；环保部门执法不严，监管不力
13	2016.3	保定市顺平县毅顺化工有限公司废水污染事件	工业废水	该公司暗埋污水偷排管线，排入市政污水管网	高污染企业临近水源地，水环境自净能力弱，敏感度高	无专门的排污管道，未配备无害化处理设备；当地环保部门没有及时履行监管职责

续表

序号	时间	事件描述	污染源	污染源（直接原因）	间接原因	
					受体状态（人/自然环境）	风险防控机制
14	2015.5.18	廊坊市垃圾无害化处理场违规排污事件	生活污水	外排废水氨氮、总氮浓度超标，部分垃圾渗滤液未经处理直接排入外环境	高污染企业临近水源地，水环境自净能力弱，敏感度高	污水处理设施不正常运行，私设三处暗管；违法处理，环保部门监管、监测失职
15	2013.4.5	沧州市沧县地下水污染事件	工业废水	周边化工厂工业废水中含有有毒化学物质，直接排入地下水环境	工厂临近居民区	工厂无污水处理设施，当地环保部门认识不到位，领导失职；监测数据造假
16	2013.1.5	河北邯郸一水厂污染至停水事件	工业废水	由于漳河上游浊漳河山西境内发生了事件性污染物排放，污水跨区域"散污"散染	人均水资源匮乏，水环境自净能力弱，敏感度高	环保部门应急预案不完善
17	2015.3.26	河北省邢台市新河县城区地下水污染事件	工业废水	生化企业违规操作将生产污水排入城市供水管网，造成管网末端自来水污染	水环境自净能力弱，敏感度高	企业污水处理设施故障；环保相关部门领导失职，监管不力
18	2015.8.20	天津港"8·12"瑞海公司危险品特别重大火灾爆炸事件	危险品爆炸	上游污染物流入	该段是同整的"死水"，处于"九河下稍"	环境监测部门失职，应急管理机制不完善

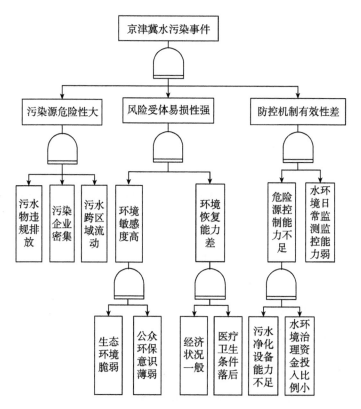

图 2-3　京津冀水污染事件故障树分析图

树对各类水污染事件进行逻辑梳理分析，获得如表 2-7 所示的京津冀水污染的主要风险源及其风险影响因素。

表 2-7　典型水污染事件主要风险影响因素

风险源	风险源危险性	风险受体易损性	风险防控机制有效性
风险影响因素	污水排放超标	生态环境脆弱	污水净化设备效率
	污染企业密度大	公众环保意识薄弱	污水治理资金投入比例
	污水跨区域流动	社会经济状况	水环境日常监测能力、范围
		医疗卫生条件	

2.3.4 固废污染事件分析

固体废弃物包括城市生活垃圾和工业固体废弃物。由于城市化进程不断加快，城市人口与日俱增，城市生活垃圾每年递增 10%，如果这些垃圾不能及时处理，就会造成城市环境的恶化，危及城市居民的健康，最典型的案例如 2008 年，意大利的那不勒斯垃圾危机最终演化成了一场政治危机。又如北京市 2015 年年产城市生活垃圾 790.3 万吨，但是生活垃圾无害化处理率仅 78.8%。京津冀地区医疗垃圾这一类危险废物的平均处理率仅为 60%，而且有 1/3 的城市，危险废弃物集中处理率为零，而固体废弃物的任意堆放，不仅会占用大量土地，而且成为地表水污染和地下水污染的罪魁祸首，同时，有毒有害物质一旦污染了土地，就会通过食物链不断流转，最终会危及人体健康。各项数据显示，随着城市化、工业化的高速发展，京津冀地区的固体废弃物污染问题不容忽视[91-95]。治理固废污染首先需要对京津冀区域内存在的固废污染来源及污染原因进行深入分析，才能对症下药，从而达到有效的治理效果。根据国家环境保护与事故调查中心获取污染事件信息[82]，以下通过故障树对京津冀地区固废污染事件原因进行分析，如图 2-4 所示。

通过对近年来京津冀地区的典型固废污染事件的故障树原因分析得出，影响"风险源危险性大小"的因素包括"固废的违规处理""污染企业密度大"以及"固废跨区域转移"；影响"风险受体易损性大小"的因素主要从环境敏感性和恢复力两方面考虑，包括"生态环境脆弱性""公众环保意识薄弱""人口密度""社会经济状况""医疗卫生条件"等；"风险防控机制有效性大小"的影响因素

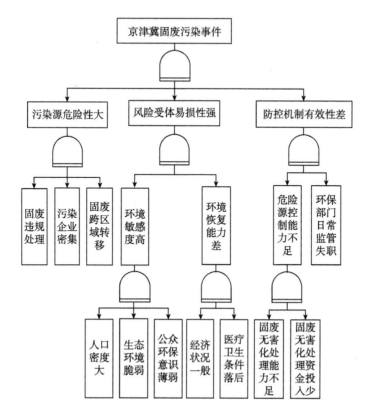

图2-4 京津冀固废污染事件故障树分析图

主要从源头控制和过程控制两方面考虑，包括"固废无害化处理能力""固废无害化处理资金投入""环保部门日常监管力度和范围"等因素。运用故障树对固废污染事件进行逻辑梳理分析，获得如表2-8所示的京津冀固废污染的主要风险源及其风险影响因素。

表2-8 典型固废污染事件主要风险影响因素

风险源	风险源危险性	风险受体易损性	风险防控机制有效性
	固废的违规处理	生态环境脆弱	固废无害化处理能力
风险影响因素	污染企业密度大	公众环保意识薄弱	固废无害化处理资金投入
	固废跨区域转移	社会经济状况	环保部门日常监管力度和范围
		医疗卫生条件	
		人口密度	

2.3.5　噪声污染事件分析

所谓的噪声，可泛指一切对人的正常作息、生活产生干扰的声音。而如果这种噪声所带来的不良影响严重时，便可以将其认定为噪声污染。从 2010 年发布的环境年报所披露的数据来看，在整个"十一五"期间，有高达 25 万件针对交通方面所产生的噪声而进行的投诉。同时，这部分投诉在所有反映环境污染的投诉中占到了36%，而占反映生态破坏的数据则为 26%。在噪声对人体的不良反应方面，也有学者进行了针对性研究，并认为长时间处于噪声环境下，其可能引发慢性疾病或死亡[96-99]。治理和控制噪声污染首先需要对京津冀区域内存在的噪声污染来源及污染原因进行深入分析，才能对症下药，从而达到有效的治理效果。采用故障树对京津冀噪声污染进行分析，如图 2-5 所示。

通过对近年来京津冀地区的典型噪声污染事件的故障树原因分析得出，影响"风险源危险性大小"的因素包括"机动车发动机噪声""噪声企业密集"以及"建筑施工噪声"；影响"风险受体易损性大小"的因素主要从环境敏感性和恢复力两方面考虑，包括"公众环保意识薄弱""人口密度""社会经济状况""医疗卫生条件"等；"风险防控机制有效性大小"的影响因素主要从源头控制和过程控制两方面考虑，包括"噪声隔离防护效果""噪声污染治理资金投入比例""环保部门日常监管力度和范围"等因素。运用故障树对噪声污染事件进行逻辑梳理分析，获得如表 2-9 所示的京津冀噪声污染的主要风险源及其风险影响因素。

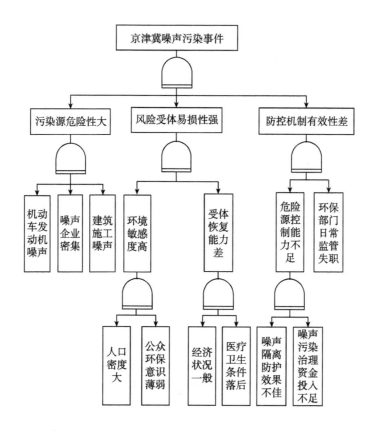

图 2-5 京津冀噪声污染事件故障树分析

表 2-9 典型噪声污染事件主要风险影响因素

风险源	风险源危险性	风险受体易损性	风险防控机制有效性
风险影响因素	机动车发动机噪声	公众环保意识薄弱	噪声隔离防护效果
	噪声企业密集	社会经济状况	噪声污染治理资金投入比例
	建筑施工噪声	医疗卫生条件	环保部门日常监管力度和范围
		人口密度	

2.4 京津冀环境风险影响因素汇总

上文通过对水污染事件、空气污染事件、固废污染事件以及噪声污染事件的原因分析，初步获取导致京津冀环境事件发生的主要风险源及其风险影响因素，但是由于不同污染事件类型同一风险源的影响因素存在交叉、互补的现象，经剔除交叉重复因素、相互补充后得出如表 2 - 10 所示的京津冀环境风险三个方面的风险源共 25 项影响因素。

表 2 - 10 京津冀环境风险分析

风险源	风险源危险性	风险受体易损性	风险管控机制有效性
风险影响因素	机动车发动机噪声	公众环保意识薄弱	噪声隔离防护效果
	污染企业密度大	社会经济状况	噪声污染治理资金投入比例
	建筑施工噪声	医疗卫生条件	环保部门日常监管力度和范围
	废气、粉尘排放超标	人口密度	污染气体净化设备效率
	汽车尾气排放	生态环境脆弱	空气治理资金投入比例
	污染空气跨区域扩散	敏感人群比例较大	污水净化设备效率
	污水排放超标		污水治理资金投入比例
	污水跨区域流动		固废无害化处理能力
	固废的违规处理		固废无害化处理资金投入
	固废跨区域转移		

2.5　本章小结

本章首先对研究区域，即京津冀城市群概况进行了阐述，包括京津冀城市群发展的条件分析、城市群特征分析以及近年来协同发展的进展状况，并对近年来京津冀发生的环境污染事件进行分类统计发现，主要的污染事件包含了四类：空气污染、水污染、固废污染以及噪声污染事件，这四类污染事件占到总环境污染事件的 80% 以上；通过对京津冀城市群近年来发生的"空气污染""水污染""固废污染"以及"噪声污染"四类主要环境污染事件采用故障树分析法结合文献综述、案例分析、现状调查等路径梳理出了影响京津冀环境风险的主要风险影响因素，并进一步剔除交叉因素，各风险源的影响因素之间相互补充、汇总，共梳理出风险影响因素 25 项，为京津冀区域环境风险评价指标体系的构建提供依据。

第3章 京津冀区域环境风险评价指标体系构建

为更好地对京津冀区域环境风险做出评价，本章在构建评价指标体系流程基础上，首先，借鉴了以往研究学者的研究成果，并参考国家环保相关统计指标，充分征求专家意见，初步识别京津冀区域环境风险影响因素对应评价指标；其次，运用因子分析法对指标进行信度分析和效度检验来优化指标体系，确定京津冀区域环境风险评价指标体系；最后，对京津冀环境风险特征以及作用机理进行分析。

3.1 评价指标体系构建流程

进行京津冀区域环境风险级别划分的基础是建立能够数据具象化的区域环境风险指标体系，确定各项指标之间的层次逻辑关系和结构联系，并进行定性、定量的表达[100]。京津冀区域环境风险综合评价指标体系的建立拟采用系统分析的思想，其构建流程的基本步骤主要为：

（1）根据研究的主要问题，进行现状调查并收集相应的资料，确定评价系统的目的，按照相关的风险评价科学理论方法确定关键因素。

（2）结合京津冀三地的发展特征以及目前环境问题的重点，参考比较环境风险评价指标的优秀研究成果，综合分析选择京津冀区域环境风险评价指标。

（3）优化指标，确定各指标的不同层次架构关系，相同层次的先后顺序，最终建立评价指标体系。

京津冀区域环境风险综合评价指标体系的构建流程如图 3 - 1 所示。

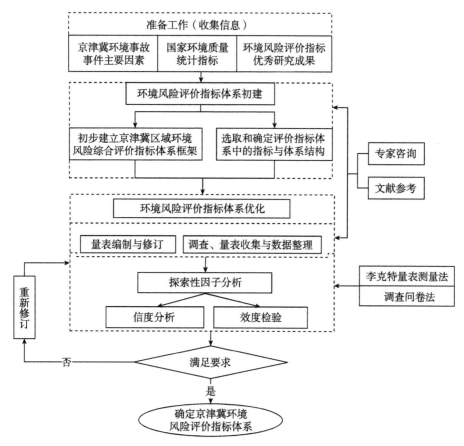

图 3 - 1　京津冀环境风险评价指标体系构建流程

3.2 京津冀区域环境风险评价指标识别

本着风险影响因素对应指标识别的准确性、全面性、易量化原则，本书借鉴了以往研究学者的研究成果，并参考国家环保相关统计指标[101-102]，充分征求专家意见，最终识别出 21 项京津冀区域环境风险评价指标如表 3-1~表 3-3 所示。其中，风险源危险性指标 8 项，风险受体易损性指标 7 项，风险防控机制有效性指标 6 项。

表 3-1 京津冀环境风险源危险性评价指标的识别初选

风险影响因素	对应识别指标
机动车发动机噪声	市区环境噪声等效声级
建筑施工噪声	
污染企业密度大	存在环境风险企业密度
废气、粉尘排放超标	工业废气排放量
汽车尾气排放	机动车保有量
污水排放超标	工业废水排放量
工业固废产生量大	工业固废产生量
固废跨区域转移	规模以上工业企业转入起数
污染空气跨区域扩散	年均大风天数

表 3-2 京津冀环境风险受体易损性评价指标的识别初选

风险影响因素	对应识别指标
公众环保意识薄弱	高中以上学历人数/每十万人
社会经济状况	人均 GDP

续表

风险影响因素	对应识别指标
医疗卫生条件	城镇医疗卫生机构床位数/千人
人口数量	人口密度
生态环境脆弱	自然保护区覆盖率、人均绿地面积
敏感人群比例较大	老人、儿童比重

表3-3 京津冀环境风险防控机制有效性评价指标的识别初选

风险影响因素	对应识别指标
噪声隔离防护效果、噪声污染治理资金投入比例、固废无害化处理资金投入、空气治理资金投入、污水治理资金投入	城市维护建设投入占财政总支出的比例
环保部门日常监管力度和范围	地表水环境监测能力、空气环境监测能力
污水净化设备效率	污水集中处理率
固废无害化处理能力	一般工业固废综合利用率、危险固废综合利用率

下文将以构建量表形式，采用因子分析法对本节指标的分类及选取进行信度分析和效度检验，以进一步优化指标体系。

3.3 探索性因子分析

根据故障树分析和已有学者的研究梳理出的京津冀区域环境风险识别指标体系，其科学性、合理性有待进一步验证。

指标筛选方法一般采用因子分析法、遗传模糊层次分析法、德尔菲法、权重排序法等。根据实际情况，本书采用问卷调查法得到调查数据，然后用因子分析方法对指标进行筛选。

问卷调查的目的在于验证京津冀区域环境风险识别指标的科学性，调查专家对风险识别指标的认可程度。在问卷调查中，5 级李克特（Likert）量表是测量态度常用的一种方法。5 级李克特量表属于封闭型问答题，具有节约调查时间、较高回复率和结果能数据化处理的优点。但该方法的缺点是无法发现新的观点，因此对指标的梳理要尽可能全面，同时问卷题目的设置要了解问卷者的基本信息，以方便对问卷的有效性进行验证[103-109]。

3.3.1　因子分析法原理概述

因子分析是多元统计中的一种，通常被用于数据的浓缩。其主要是考察诸多变量间的相互关系，以评估数据的主要结构，最终将系统的主要结构用少量的几个变量来进行表达。能够体现整个系统中诸多原有变量的核心内容，并诠释其内部联系，即所谓的基础变量，也就是因子。该方法早在 18 世纪便已产生，早先是被运用于心理学中。其后，在相关理论以及数学的逐渐发展下，特别是随着近代进算机的发明，以及诸多统计软件的问世，使得该方法越来越得到人们的认可，并在经济学、地质学等多个学科或领域中广泛运用[110]。

该方法的主要价值在于两点，分别是对基本结构的探求和对数据进行简化。本文所使用的是后者。在进行统计分析的过程中，往往会涉及多个变量，同时其各自内部还互相关联、彼此影响。在这种情况下，使用该方法便能够将所观测到的变量进行简化，使之成为数个因子。同时还能将原变量中的信息进行转化，使得进行分析时更加简便、直观[111-113]。

3.3.2　量表建立与测量分析

（1）选定测量方式。

在对环境风险的认知、辨识等分析过程中，一般常用的测量方式主要有信息公布法、特殊指数评估法、系统评价法和问卷调查法等。

1）信息公布法。是通过对区域内各城市年鉴、统计公报等自我公布的数据信息，对区域内的风险情况进行评价，此方法的数据信息采集仅是区域风险管理的主观表现，而非区域实际风险管理，这可能与实际不符。

2）特殊指数评估法。例如，环境污染指数中的空气污染指数（API）。指数评估方法是对区域环境风险评价的有效使用方法，但是其容易受管理水平影响。

3）系统评价法。基于与风险关联的大数据库，构建相应的评估模型，对区域内风险进行系统评价。其信息收集较为广泛，评估结果相对自主、信任度高，但是需要专业的组织机构建立相关数据库。

4）问卷调查法。其主要是对研究问题进行内涵模型设定，多角度的制定能够反映模型的测量项，以问卷调查的方式进行收集统计相应数据，根据测试对象对测量项的认知度，分析评价区域环境风险的体现程度。该方法在环境风险的辨识研究中得到广泛应用。

使用以上方法，一是考虑我国涉及环境风险管理的年鉴等信息量较少，而且已有的环境风险管理内容只是定性的分析，总体可信度较低；二是区域环境风险指数有一定的规划设计，其实施性仍需长期的实践检验；三是基于数据库的系统评价主要在国外较为集中，国内的数据调查相对较少[104]。

综上所述，本书针对京津冀区域环境风险的测量辨识采用问卷调查法。

（2）编制量表。

京津冀区域环境风险问卷调查的编制依据的是李克特五级量表法，采用程序化方法进行依次测量，保证问卷内容测量的有效性[105]。

1）进行文献统计，确定测量题目。查阅环境风险研究的内在和延伸文献，按照测量维度进行分类统计，最终确定 21 个测量题项。

2）题目测试。对环保监督管理部门和科研院所的 30 名工作人员进行问卷调查，同时对测量题项的合理性和理解性进行评估。

3）甄选题项，获取最终问卷。将评估人员的打分进行统计，对于同一题目打分排序前 6 名和后 6 名分别分为两组，再计算两组的平均打分值，同一题目两组平均分分差越大，反映该题项更好辨识，反之，则认为该题项辨识度较低。综合评估人意见予以修改，并将不合理的或者难以理解的题项予以剔除，从而获取最终的测量量表。

在修改阶段中，是否接受专家的修改意见，本书参照罗伯特·E. 德威利斯提出的观点，最终由研究人员自身决定，主要是考虑专家对量表在整体上构建原则和目的的理解不充分，最终量表见附录。

（3）测量调研分析[106-107]。

1）收集数据。采用最终修订的题项问卷，通过调查被测试者完成题项，统计对其所在区域的环境风险认知程度数据。

2）对有关环保部门的负责人进行现场访谈，获取 18 份问卷数据，由于研究条件限制，其余问卷均委托区域或机构相关负责人进行电子邮件调查问卷的发放。调查问卷的主要对象有区域发展、环境保护等领域的研究专家、各大高校相关专业的学生、京津冀城市群典型城市的环保部门职员以及一般市民。总共发出 300 份量表问卷，收回 253 份，再剔除数据不全、打分极端等原因造成的无效问卷 41 份，最终可以用来作为本书研究的问卷共 212 份，有效回收率为 71%。其中调研对象京津两地 151 人占 71.2%，河北省 62 人占29.2%。环境风险研究领域专家 39 人占 18.4%，各大院校环保专业研究学者 121 人占 57.1%，各地区环保部门 22 人占 10.4%，普通市民 34 人占 16.0%。

3.3.3　探索性因子分析

3.3.3.1　风险源危险性评价指标优选

（1）指标相关性分析。

对于量表测量所取得的风险源危险性评价指标调研数据，采用SPSS 软件对其进行因子分析的数据处理来优化评价指标。在此之前必须通过以下检验，来验证其是否适合做因子分析，即验证指标间的相关系数是否大于 0.3，小于 0.3 则认为该组指标不适合做因子分析；另外还需进行 KMO 样本测度和 Bartlett 球体检验，统计变量间的共变关系检验一般由 KMO 检验和 Bartlett 球体检验来进行，KMO值越接近于 1，表明变量受共同因素影响较大，Bartlett 要求显著度 P不超过 0.001，表明其具有很高的显著水平。通过 SPSS 数据计算获取风险源危险性子系统分指标的相关系数矩阵，如表 3 - 4 所示，由计算结果可以看出指标间的相关系数大部分都大于 0.3，另外，

KMO 样本测度和 Bartlett 球体检验结果如表 3 – 5 所示，结果显示 KMO 值为 0.893，接近于 1，说明共同因子对变量有较大的影响；Bartlett 显著度 P 值为 0，满足不超过 0.001 的要求，说明显著水平很高，综合两种检验结果说明，这组指标非常适合做因子分析。

表 3 – 4　京津冀环境风险源危险性指标相关系数矩阵

1.000	0.370	0.485	0.460	0.357	0.321	0.321	0.409
0.370	1.000	0.449	0.337	0.313	0.348	0.253	0.324
0.485	0.449	1.000	0.682	0.446	0.557	0.498	0.447
0.460	0.337	0.682	1.000	0.488	0.482	0.455	0.459
0.357	0.313	0.446	0.488	1.000	0.555	0.422	0.445
0.321	0.348	0.557	0.482	0.555	1.000	0.529	0.557
0.321	0.253	0.498	0.455	0.422	0.529	1.000	0.457
0.409	0.324	0.447	0.459	0.445	0.557	0.457	1.000

表 3 – 5　京津冀环境风险源危险性指标测量模型 KMO 和 Bartlett 的检验表

KMO 和 Bartlett 的检验		
取样足够度的 Kaiser – Meyer – Olkin 度量		0.893
Bartlett 的球形度检验	近似卡方	667.531
	df	55
	Sig.	0.000

（2）信度检验。

本书选取 141 个有效样本进行分析。

通常以信度来表示测验结果是否一致，是否有极好的稳定性，以及结果是否可靠，Cronbach α 信度系数是目前最常用的信度系数，DeVellis（1991）认为 α 值的大小代表不同的信度：对于指标数不超过 6 个的量表，0.60 ~ 0.65，最好不要；0.65 ~ 0.70，最小可接受值；0.70 ~ 0.80，相当好；0.80 ~ 0.90，非常好；对于指标数多于 6 个的量表，Cronbach α 值下限为 0.7 才能被接受，对于理论上应该予以剔除的题项，如果剔除后能显著提高其内部一致性，则考虑予以剔除。另外还需要考虑 CITC 值（Corrected – Item Total Correlation，），如果 CITC 值小于 0.5，则说明其不具有很好的内部一致性，将其剔除。

采用 SPSS 软件对调查问卷的结果进行信度检验，从而获取各层级测试题项的 CITC 值，以及剔除该项后该维度分部量表的 Cronbach's Alpha 值，具体分析结果如表 3 – 6 所示。其中，分部量表中"年均大风天数"对应的"CITC 值"相对于其他的测试题项"CITC 值"而言，相对较低，且剔除该项对提升该分部量表的总体信度有很好的作用，故剔除该项指标。

表 3 – 6　风险源危险性指标信度 Alpha 值分析表

潜变量	基于标准化项的 Cronbach's Alpha	测量变量	CITC 值	项已剔除的 Cronbach's Alpha 值
环境风险源危险性	0.890	市区环境噪声等效声级	0.539	0.882
		存在环境风险企业密度	0.679	0.873
		工业废气排放量	0.541	0.896
		机动车保有量	0.654	0.875
		工业废水排放量	0.670	0.874
		一般工业固废产生量	0.683	0.898
		规模以上工业企业转入起数	0.576	0.880
		年均大风天数	0.456	0.922

（3）公因子方差分析。

本书主要采用主成分分析法，提取特征值大于1的因子作为公共因子进行探索研究，并采取最大变异法进行公因子正交变换处理。过程中公因子方差低于0.5的，根据研究经验应予以剔除。

公因子方差分析结果如表3－7所示，所有测试题项方差提取值均大于0.5，因此全部保留。到此为止，所有指标的特征相似度已经非常明显，因此，本书不再对这一组指标做旋转成分矩阵分析。

表3－7　环境风险源危险性指标公因子方差表

变量名称	初始	提取
市区环境噪声等效声级	1.000	0.593
存在环境风险企业密度	1.000	0.573
工业废气排放量	1.000	0.533
机动车保有量	1.000	0.703
工业废水排放量	1.000	0.576
一般工业固废产生量	1.000	0.543
规模以上工业企业转入起数	1.000	0.726

提取方法：主成分分析

3.3.3.2　风险受体易损性评价指标优选

（1）京津冀环境风险受体易损性指标相关性分析。

通过SPSS数据计算获取风险受体易损性子系统分指标的相关系数矩阵，如表3－8所示，由计算结果可以看出指标间的相关系数大部分都大于0.3，另外，KMO样本测度和Bartlett球体检验结果如表

3 – 9 所示，结果显示 KMO 值为 0.932，接近于 1，说明共同因子对变量有较大的影响；Bartlett 显著度 P 值为 0，满足不超过 0.001 的要求，显著水平很高，综合两种检验结果说明这组适合做因子分析。

表 3 – 8　京津冀环境风险受体易损性指标相关系数矩阵

1.00	0.59	0.32	0.44	0.56	0.52	0.56
0.59	1.00	0.46	0.38	0.61	0.56	0.51
0.32	0.46	1.00	0.41	0.42	0.43	0.33
0.44	0.38	0.41	1.00	0.54	0.44	0.35
0.56	0.61	0.42	0.54	1.00	0.64	0.63
0.52	0.56	0.43	0.44	0.64	1.00	0.65
0.56	0.51	0.33	0.35	0.63	0.65	1.00

表 3 – 9　京津冀环境风险受体易损性指标测量模型 KMO 和 Bartlett 的检验表

KMO 和 Bartlett 的检验		
取样足够度的 Kaiser – Meyer – Olkin 度量		0.932
	近似卡方	1157.049
Bartlett 的球形度检验	df	105
	Sig.	0.000

（2）信度检验。

按照上述说明，分别计算各个维度测试题的 CITC 值，以及剔除该项后该维度分部量表的 Cronbach's Alpha 值，见表 3 – 10。

对调查问卷的结果进行信度检验，所有指标的"CITC 值"均大于 0.5，因此全部保留。

表3-10 环境风险受体易损性指标信度 Alpha 值分析表

潜变量	基于标准化项的 Cronbach's Alpha	测量变量	CITC 值	项已删除的 Cronbach's Alpha 值
风险受体易损性	0.920	高中以上学历人数/每十万人	0.654	0.921
		人均 GDP	0.677	0.920
		城镇医疗卫生机构床位数/千人	0.551	0.924
		人口密度	0.643	0.922
		自然保护区覆盖率	0.525	0.925
		人均绿地面积	0.697	0.919
		老人、儿童比重	0.756	0.918

（3）初次因子探索与量表优化。

1）公因子方差分析。公因子方差分析结果如表3-11所示，所有测试题项方差提取值均大于0.5，因此全部保留。

表3-11 风险受体易损性指标公因子方差表

变量名称	初始	提取
高中以上学历人数/每十万人	1.000	0.734
人均 GDP	1.000	0.570
城镇医疗卫生机构床位数/千人	1.000	0.670
人口密度	1.000	0.633
人均绿地面积	1.000	0.753
老人、儿童比重	1.000	0.625
自然保护区覆盖率	1.000	0.743

提取方法：主成分分析

2）旋转成分矩阵载荷分析。

针对风险受体易损性子系统的7个指标变量，通过最大变异法进行公因子正交变换处理后获取的因子载荷分布如表 3 - 12 所示。在因子分类和说明过程中，充分借鉴了 Mccain、Moya - Anegon. F 和 Michael 等人提出的方法，某项指标如果仅在某一公共因子上的载荷大于 0.5，在其他公共因子上的载荷均小于 0.4，将这些指标归为一类，否则，予以剔除，但是在测量样本较少的情况下，应考虑适当的保留。从表 3 - 12 中可以看到，公共成分 1 中，"高中以上学历人数/每十万人""人口密度""自然保护区覆盖率""老人、儿童比重"等指标的载荷在 0.5 以上，且在其他公共成分中的载荷不超过 0.4，因此根据特征将该因子称为受体敏感性；在公共成分 2 中，"人均 GDP""人均绿地面积"和"城镇医疗卫生机构床位数/千人"等指标的载荷相对较大，因此将该成分称为受体恢复力。

表 3 - 12　旋转成分矩阵

变量名称	成分	
	1	2
高中以上学历人数/每十万人	0.612	- 0.324
人均 GDP	0.338	0.719
城镇医疗卫生机构床位数/千人	- 0.141	0.742
人口密度	0.573	0.387
自然保护区覆盖率	0.683	- 0.341
人均绿地面积	0.206	0.779
老人、儿童比重	0.743	0.494

提取方法：主成分。a. 已提取了 2 个成分。

另外，本书还运用 SPSS 软件对总方差进行了解释，结果如表 3 - 13 所示，在提取出的两个公因子中，方差贡献率分别达到了 71.547%、16.934%，并且方差累积贡献率为 88.481%，说明提取的这两个公因子解释的信息涵盖了原有变量的大部分信息。同时也说明运用因子分析能够对京津冀区域环境风险受体易损性指标体系做出很好的解释。

表 3 – 13　解释的总方差

公共因子	提取平方和载入		
	特征值	贡献率（%）	累积贡献率（%）
1	7.732	71.547	71.547
2	1.040	16.934	88.481

3.3.3.3　风险防控机制有效性评价指标优选

（1）京津冀环境风险防控机制有效性指标相关性分析。

通过 SPSS 数据计算获取环境风险防控机制有效性子系统分指标的相关系数矩阵，如表 3 – 14 所示，由计算结果可以看出指标间的相关系数大部分都大于 0.3。另外，KMO 样本测度和 Bartlett's 球体检验结果如表 3 – 15 所示，KMO 值为 0.931，接近于 1，说明共同因子对变量有较大的影响；Bartlett 显著度 P 值为 0，说明显著水平很高，综合两种检验结果说明这组指标非常适合做因子分析。

表 3 – 14　京津冀环境风险防控机制有效性指标相关系数矩阵

1.00	0.59	0.32	0.44	0.56	0.52
0.59	1.00	0.46	0.38	0.61	0.56
0.32	0.46	1.00	0.41	0.42	0.43
0.44	0.38	0.41	1.00	0.54	0.44
0.56	0.61	0.42	0.54	1.00	0.64
0.52	0.56	0.43	0.44	0.64	1.00

表 3 – 15　有效性指标测量模型 KMO 和 Bartlett 的检验表

KMO 和 Bartlett 的检验		
取样足够度的 Kaiser – Meyer – Olkin 度量		0.931
Bartlett 的球形度检验	近似卡方	1396.314
	df	136
	Sig.	0.000

（2）信度检验。

按照上述说明，分别计算各个维度测试题的 CITC 值，以及剔除该项后该维度分部量表的 Cronbach's Alpha 值，如表 3 – 16 所示。

表 3 – 16　风险防控机制有效性信度测量表

潜变量	基于标准化项的 Cronbach's Alpha	测量变量	CITC 值	项已剔除的 Cronbach's Alpha 值
风险防控机制有效性	0.926	城市维护建设投入资金比例	0.454	0.921
		地表水环境监测能力空气环境监测能力	0.677	0.920
		污水集中处理率	0.551	0.924
		一般工业固废综合利用率危险固废综合利用率	0.631	0.921

对调查问卷的结果进行信度检验，所有指标对应的"CITC 值"均超过 0.5，因此全部予以保留。

（3）初次因子探索与量表优化。

1）公因子方差分析。公因子方差分析结果如表 3 – 17 所示，所有测试题项方差提取值均大于 0.5，因此全部保留。

表 3 - 17　风险防控机制有效性指标公因子方差表

变量名称	初始	提取
城市维护建设投入资金比例	1.000	0.604
地表水环境监测能力	1.000	0.555
空气环境监测能力	1.000	0.584
污水集中处理率	1.000	0.618
一般工业固废综合利用率	1.000	0.577
危险固废综合利用率	1.000	0.534

2) 旋转成分矩阵载荷分析。针对京津冀环境风险防控机制有效性的 6 个变量，通过最大变异法进行公因子正交变换处理后获取的因子载荷分布如表 3 - 18 所示。在因子分类和说明过程中，充分借鉴了 Mccain、Moya - Anegon. F 和 Michael 等人提出的方法，某项指标如果仅在某一公共因子上的载荷大于 0.5，在其他公共因子上的载荷均小于 0.4，将这些指标归为一类，否则，予以剔除，但是在测量样本较少的情况下，应考虑适当地保留。从表 3 - 18 中可以看到，公共成分 1 中，"城市维护建设投入资金比例" "地表水环境监测能力" "空气环境监测能力" 等指标的载荷在 0.5 以上，且在其他公共成分中的载荷不超过 0.4，因此根据特征将该因子称为风险过程控制；在公共成分 2 中，"污水集中处理率" "一般工业固废综合利用率" "危险固废综合利用率" 等指标的载荷相对较大，因此将该成分称为污染源头控制。

另外，本书还运用 SPSS 软件对总方差进行了解释，结果如表 3 - 19 所示，在提取出的两个公因子中，方差贡献率分别达到了 75.832%、19.332%，并且方差累积贡献率为 95.164%，说明提取的这两个公因子解释的信息涵盖了原有变量的大部分信息。同时也说明运用因子分析能够对京津冀区域环境风险防控机制有效性指标体系做出很好的解释。

表 3 – 18 旋转成分矩阵

变量名称	成分	
	1	2
城市维护建设投入资金比例	0.612	− 0.324
地表水环境监测能力	0.719	0.338
空气环境监测能力	0.742	− 0.141
污水集中处理率	0.387	0.573
一般工业固废综合利用率	0.206	0.779
危险固废综合利用率	0.394	0.743

表 3 – 19 解释的总方差

公共因子	提取平方和载入		
	特征值	贡献率（%）	累积贡献率（%）
1	7.732	75.832	75.832
2	1.040	19.332	95.164

3.4 京津冀区域环境风险特征分析

通过采用因子分析法对初选指标体系进行进一步优化，本节将对遴选出的 20 项京津冀区域环境风险评价指标数据获取以及指标作用进行解释说明，并充分挖掘各风险源之间的相互作用机理，只有掌握其中的作用规律，才能更有效地对环境风险进行评价和管控。

3.4.1　风险评价指标体系构建及指标特征分析

以上识别优化后的各项指标从不同角度对京津冀区域环境风险进行了评估，通过指标原始数据的收集和计算来达到评估风险的目的。考虑到数据的可获得性，对缺乏数据的指标可通过等效指标加以替代，各项指标的计算式、指标作用以及指标属性如表 3 - 20所示。

3.4.2　京津冀区域环境风险作用机理分析

环境风险管理是一项复杂工程，加之本书的研究对象是京津冀城市群及其省市级城市，此时的环境风险管理应该站在更高的层面来考虑，即需要审视整个环境系统。在区域综合环境风险系统理论指导下，从风险源危险性、风险受体易损性以及风险防控机制有效性三类风险源进行分析环境风险，值得注意的是这三类风险源之间以及它们的影响因素之间均存在相互作用的关系，但同时又保持一定的独立性，正是因为它们之间在保持独立的基础之上互相作用，才共同构成了相对完备的风险体系。环境风险管理必须运用更为合理的、体系化的方式来进行分析，并从整个系统的高度来进行考察，才有可能发掘更为恰当的方法来评估区域环境风险。也只有这样才能真正认识其核心，并反映出该问题的综合性、动态性与复杂性[121]。

表3-20 综合环境风险评价指标体系说明

目标层	准则层	系统层	指标层	指标计算式	指标作用	属性
京津冀区域环境风险	风险源危险性	工业污染源	市区环境噪声等效声级	区域环境噪声平均等效声级	反映区域环境噪声潜在危害程度	正
			存在环境风险企业密度	规模以上风险企业数量/国土面积	反映规模以上存在环境风险企业潜在危害程度	正
			工业废气排放量	工业废气排放量/人口数量(吨/人)	反映工业废气潜在的危害程度	正
			机动车保有量	机动车保有量/人口数量(辆/人)	反映机动车尾气及噪声潜在危害程度	正
			工业废水排放量	工业废水排放量/人口数量(吨/人)	反映工业废水潜在的危害程度	正
			一般工业固废产生量	一般工业固废产生量/人口数量(吨/人)	反映工业固废潜在的危害程度	正
			规模以上工业企业转入起数	规模以上工业企业数/国土面积(个/平方千米)	反映工业固废新增污染源潜在危害程度	正
	风险受体易损性	恢复力	人均GDP	GDP/总人口(万元/人)	反映区域整体经济状况	逆
			城镇医疗卫生机构床位数/千人	医疗卫生机构总病床数/10^{-3}总人数	反映区域医疗卫生水平	逆
			人均绿地面积	绿地面积/总人口(平方千米/人)	反映区域生态自我净化能力	逆
		敏感性	高中以下学历人数/每十万人	高中以下学历人数/10^{-5}总人数	反映公众整体的环保意识	正
			人口密度	总人口/国土面积(个/平方千米)	反映人类的聚集程度	正
			自然保护区覆盖率	自然保护区面积/国土面积(%)	反应区域生态敏感区域范围	正
			老人、儿童比重	0~14岁和60岁以上人口/总人口(%)	反映敏感人群数量	正
	风险防控机制有效性	过程控制	城市维护建设投入资金比例	城市维护建设投入资金/GDP(%)	反映研究区域环保投入力度	逆
			地表水环境监测能力	监测断面点位数/国土面积(个/平方千米)	反映区域水环境潜在风险的控制力	逆
			空气环境监测能力	监测点位数/国土面积(个/万平方千米)	反映区域大气环境潜在风险的控制力	逆
		源头控制	污水集中处理率	污水集中处理量/污水产生量(%)	反映区域污水的管控效果	逆
			一般工业固废综合利用率	一般工业固废综合利用量/总量(%)	反映区域一般工业固废的管控效果	逆
			危险固废综合利用率	危险固废综合利用量/危险固废总量(%)	反映区域危险固废的管控效果	逆

从某种意义上讲，风险的高低一方面由污染源本身风险程度所决定，另一方面还受到防控能力以及风险受体易损性的影响。在不考虑防控机制前提下，若某地应对突发风险的能力较强，即风险承载能力高的区域，则在评估时便需要相应地降低其风险水平，也就表明该地区环境风险较小。类似地，当某地受体较为敏感，风险承受能力较弱时，也需要相应地进行提高该区域的风险等级，同时也表明该区域环境风险较大。但是，一个区域的环境风险大小必然会受到该区域风险防控机制的影响，甚至是对该区域的环境健康状况起到决定性作用，消除、隔离、稀释或转移超出受体承载范围的环境风险，避免环境事件的发生[122-123]。反之，一旦防控机制失效，将不能有效地控制污染源、保护环境受体，即风险条件具备，如果进一步失控，就会导致环境污染或破坏事件的发生。

以上通过对区域三个环境风险源的特征和作用机理的分析，可知某一环境风险事件的发生往往不是单个风险源作用的结果，一般情况下通常是三者之间相互作用、相互影响产生的传染效应，进而导致环境污染或破坏事件的爆发，区域环境风险作用机理如图3-2所示。

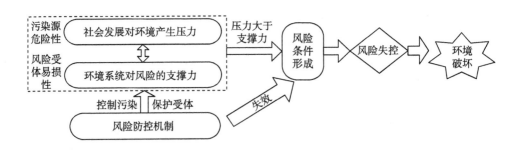

图3-2　环境风险作用机理模型

3.5　本章小结

　　本章主要是对京津冀区域环境风险评价指标进行了识别和优化。在第 2 章采用故障树分析法对京津冀区域主要环境风险影响因素分析、挖掘的基础上，同时参考了以往环境保护研究领域主流研究学者关于环境风险评价指标体系的研究成果，依据区域环境风险系统管理理论，首先初步构建了本书关于京津冀区域环境风险综合评价指标识别体系。其次采用了李克特量表法以问卷形式调查了不同人群对指标的态度，对调查结果进行了因子分析，剔除了 1 个指标，确立了京津冀区域环境风险综合评价指标体系，包括了风险源危险性子系统、风险受体易损性子系统、风险防控机制有效性子系统 3 个一级指标、5 个二级指标、20 个三级指标。最后分析了环境风险作用机理，为风险评价与管控奠定了基础、提供了依据。

第4章　京津冀区域环境风险评价
模型构建及实证研究

为了对京津冀区域环境风险进行评价，首先，制定出合理的评价流程；其次，构建基于 AHP - 熵权法的主客观相结合京津冀区域环境风险指标定权模型，确定京津冀区域环境风险评价各项指标的权重；最后，采用风险指数法对京津冀区域环境风险进行评价，并对评价结果进行分析，运用 SPSS 聚类分析法对不同风险特征的城市进行分类，为京津冀协同环保政策功能指标的确定提供依据。

4.1　京津冀区域环境风险评价流程

本章拟采用风险指数法对京津冀区域环境风险进行评价，以充分反映该地区社会发展、人类活动对环境系统的负面影响程度。京津冀区域环境风险评价思路如图 4 - 1 所示。

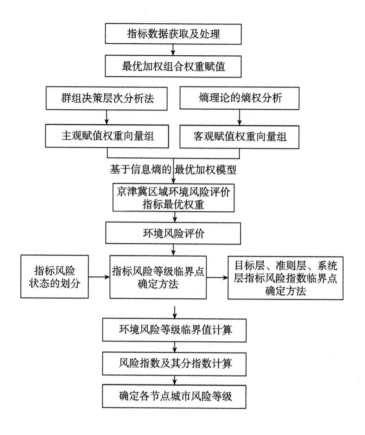

图 4 - 1 京津冀区域环境风险评价思路

4.2 京津冀区域环境风险评价指标权重确定

4.2.1 指标数据收集处理

为确保京津冀环境风险评价结果能够更加真实有效，对数据收集的质量有较高的要求。指标数据来源主要包括国家统计局外网、地方统计局、国家及地方环保部、新闻发布会、统计公报、统计年鉴、国家统计数据库或其他形式对公众发布等。由于在评价过程中会使用到京津冀城市群各节点城市的指标数据，因此所需要的数据量较多，而且年份数据越新越好。但是由于各地方统计及其他方面原因，部分指标数据存在不全，为此，对于缺失的数据主要有以下几种补充计算方法[125]。

（1）对相关指标的换算式进行补缺。统计部门发布的数据，同一指标通常会有月度数据、年度数据、累计数、累计同比增速、月度（年度）同比增速、环比增速等不同形式的统计，指标数据在某个时间点的缺失可以利用相互关系进行推算。

（2）利用临近指标数据进行推算。指标数据在某个时间点的缺失，可采用直线内插与趋势预测相结合的方式对确实的数据进行补充。需要注意的是，最新一年数据的缺失与中间年份数据缺失的推算方法略有区别，需要观察指标数据变化趋势，利用前一年的数据推断最新一年数据，设前一年数据为X_1，则最新一年数据$X_2 = r \times X_1$，其中r的取值主要取决于指标变化的趋势，只要分为三种情况：①指标波动无规律，$r = 1$；②上升趋势逐渐加强，$r = 3$；③上升趋势逐渐减弱，$r = 1.5$。

另外还需要考虑某区域某一指标没有相关统计，此时可借鉴与其相似度较高的城市数据来补充。

本书研究中所需各城市每项指标来自数据主要来源：《中国环境统计公报》《中国统计年鉴》《中国环境统计年鉴》、中国国家环境保护部网站、北京市环境保护局网站、天津市环境保护局网站、河北省环境保护厅网站、《河北经济年鉴》。此外，结合中国国家环境保护部网站、北京市环境保护局网站的实测数据，保证了课题研究所需的数据来源的真实有效性[113-120]，详见表 4 - 1。

为了对负向指标做正向化处理以及消除量纲处理，本书采用最大最小值法对所有指标进行了标准化处理。对待评价问题做出假设：共有评价指标 n 个，评价对象 m 个，创建评价指标原始数据矩阵：$R = (r'_{ij})_{m \times n}$。$r_{ij}$ 表示基于指标 i 第 j 个对象标准化后的数值，且 $r_{ij} \in [0，1]$按照式(4 - 1)计算，计算结果如表 4 - 2 所示。

$$r_{ij} = \frac{r'_{ij} - \min\limits_{j}\{r'_{ij}\}}{\max\limits_{j}\{r'_{ij}\} - \min\limits_{j}\{r'_{ij}\}} \tag{4 - 1}$$

4.2.2　最优加权组合权重赋值模型

为使评价结果更为科学化、评价体系更为系统化、评价过程更为规范化，建立一套完善、科学的环境风险评价模式是环境风险管理的重要环节[126]。因为本书评价指标数据仅选取当年最新数据，有些城市某一年数据，因其经济社会等因素发展的波动，难免出现一些特殊情况，因此在确定指标权重时必须全面考虑同时使用主观和客观赋值，以保证权重结果更为准确。所以，本书构建了基于主、客观相结合的京津冀区域环境风险指标权重赋值模型[127-130]。

4.2.2.1　群组决策的层次分析法

决策过程中需尽量避免人的主观因素干扰，若个人偏好、判断过多地掺杂在决策中，就难免让决策结果向一边倾斜，这样的决策不够客观，经常会有失公允，基于此，可选择群组决策的层次分析法来解决此问题，而且结果需获得专家组的高度认可。在此情况下，

表 4 - 1 2015 年待评价城市各指标实测值

指标	单位	北京	天津	保定	石家庄	唐山	秦皇岛	邯郸	张家口	承德	廊坊	沧州	邢台	衡水
市区环境噪声等效声级	分贝	53.30	54.20	58.30	50.80	52.20	55.5	53.60	53.50	51.30	53.0	53.00	51.30	53.30
存在环境风险企业密度	个/平方千米	0.22	0.46	0.08	0.20	0.12	0.06	0.11	0.02	0.01	0.20	0.16	0.10	0.13
工业废气排放量	万吨	4.89	19.50	6.47	15.60	25.10	6.55	14.60	7.59	7.20	4.60	3.98	9.09	3.46
机动车保有量	万辆	561.9	258	215	210	185	60.6	150	79.70	60.60	113	150	107.5	84.10
工业废水排放量	万吨	8978	18973	14200	24024	13973	6273	6388	6204	1560	5149	9490	14323	4966
工业固废产生量	万吨	709.9	1546	1050	1617	10002	1151	1270	1100	750	1050	390.2	1042	980
规模以上工业企业转入	起	45	118	221	317	251	75	108	32	33	73	206	125	87
人均 GDP	万元/人	10.65	10.80	2.61	5.12	7.85	4.08	3.36	3.08	3.85	5.31	4.39	2.43	2.76
城镇医疗卫生机构床位数	张/千人	5.24	4.60	3.31	4.50	4.87	5.37	3.80	4.37	4.77	4.12	3.80	4.13	3.85
人均绿地面积	千公顷/人	39.30	19.60	5.13	11.20	12.70	35.7	7.99	7.80	12.70	10.6	2.69	6.22	4.54
高中以下学历人数	人十万人	42.2	55.8	79.9	58.3	70.6	67.7	76.6	78.2	77.6	71.4	79	80.8	74.5
人口密度	人/平方千米	1323	1315	521	681	591	412	780	126.9	89	721	555	586	503
自然保护区覆盖率	%	8.00	7.38	2.93	4.36	1.10	4.02	1.79	0.92	7.70	0.00	2.00	0.00	2.13
老人、儿童比重	%	20.40	19.42	54.19	43.90	52.43	51.1	59.32	57.70	52.51	46.0	58.21	56.19	53.34
城市维护建设投入资金比例	%	29.10	7.10	22.80	18.90	4.70	5.80	20.70	7.20	4.50	5.50	5.10	5.90	3.60
地表水环境监测能力	个/平方千米	135.00	108.25	9.02	13.00	16.00	32.0	16.00	3.33	6.33	14.1	12.83	9.65	26.0
空气环境监测能力	个/平方千米	7.31	15.10	2.70	6.87	4.45	6.41	3.32	1.36	1.27	6.27	2.14	3.22	3.40
污水集中处理率	%	87.90	96.21	91.40	95.85	95.00	98.4	97.60	91.60	92.30	93.5	99.00	93.30	81.2
一般工业固废综合利用率	%	87.67	98.58	86.20	95.10	70.10	65.0	95.00	44.10	60.00	100	99.28	95.30	99.6
危险固废综合利用率	%	50.60	25.05	6.10	12.09	93.38	22.7	44.00	59.70	0.00	26.3	62.30	14.70	9.40

表 4 - 2　待评价城市指标标准化值

指标	北京	天津	保定	石家庄	唐山	秦皇岛	邯郸	张家口	承德	廊坊	沧州	邢台	衡水
市区环境噪声等效声级	0.33	0.45	1.00	0.00	0.19	0.63	0.37	0.36	0.07	0.29	0.29	0.07	0.33
存在环境风险企业密度	0.48	1.00	0.16	0.42	0.24	0.12	0.21	0.02	0.00	0.42	0.33	0.20	0.27
工业废气排放量	0.07	0.74	0.14	0.56	1.00	0.14	0.51	0.19	0.17	0.05	0.02	0.26	0.00
机动车保有量	1.00	0.39	0.31	0.30	0.25	0.00	0.18	0.04	0.00	0.10	0.18	0.09	0.05
工业废水排放量	0.33	0.78	0.56	1.00	0.55	0.21	0.21	0.21	0.00	0.16	0.35	0.57	0.15
工业固废产生量	0.03	0.12	0.07	0.13	1.00	0.08	0.09	0.07	0.04	0.07	0.00	0.07	0.06
规模以上工业企业转入起数	0.05	0.30	0.66	1.00	0.77	0.15	0.27	0.00	0.00	0.14	0.61	0.33	0.19
人均 GDP	0.98	1.00	0.03	0.32	0.65	0.20	0.11	0.08	0.17	0.35	0.24	0.00	0.04
城镇医疗卫生机构床位数/千人	0.92	0.62	0.00	0.57	0.75	0.99	0.24	0.51	0.70	0.39	0.24	0.40	0.26
人均绿地面积	1.00	0.46	0.07	0.23	0.27	0.90	0.14	0.14	0.27	0.22	0.00	0.10	0.05
高中以下学历人数/每十万人	0.00	0.35	0.98	0.42	0.74	0.66	0.89	0.93	0.92	0.76	0.95	1.00	0.84
人口密度	1.00	0.99	0.35	0.48	0.41	0.26	0.56	0.03	0.00	0.51	0.38	0.40	0.34
自然保护区覆盖率	1.00	0.92	0.37	0.55	0.14	0.50	0.22	0.12	0.96	0.00	0.25	0.00	0.27
老人、儿童比重	0.03	0.00	0.87	0.61	0.83	0.79	1.00	0.96	0.83	0.67	0.97	0.92	0.85
城市维护建设投入资金比例	1.00	0.14	0.75	0.60	0.04	0.09	0.67	0.14	0.04	0.07	0.06	0.09	0.00
地表水环境监测能力	1.00	0.80	0.04	0.07	0.10	0.22	0.10	0.00	0.02	0.08	0.07	0.05	0.17
空气环境监测能力	0.44	1.00	0.10	0.40	0.23	0.37	0.15	0.01	0.00	0.36	0.06	0.14	0.15
污水集中处理率	0.38	0.84	0.57	0.82	0.78	0.97	0.92	0.58	0.62	0.69	1.00	0.68	0.00
一般工业固废综合利用率	0.78	0.97	0.75	0.91	0.47	0.37	0.91	0.00	0.28	1.00	0.99	0.92	0.99
危险固废综合利用率	0.54	0.27	0.07	0.13	1.00	0.24	0.47	0.64	0.00	0.28	0.67	0.16	0.10

专家群组给定的判断能不能足够客观准确，则会直接影响到决策的结果，所以，若想顺利实施群组决策，要先做好专家咨询统计工作[131]。

当问题进入到判断或决策环节时，每个专家首先都要为这个问题提前设置一个比较判断矩阵，其次依照权重向量综合法对所有专家给定的矩阵进行综合处理，即求出每个矩阵的排序权重向量，最后将这些向量组合在一起，构成综合权重向量组。本书选用的群组决策层次分析，所依照的是主观赋值法[132-133]，针对京津冀近些年来的环境问题，对该地区环境风险源危险状况进行评价。无论是群组排序还是另外赋值方法所得的权重向量，都要采取综合赋值方法对其进行分析计算，以此获得可靠的综合权重。

（1）创建递阶层次结构。

针对京津冀环境风险所建的评价指标体系，主要是对该地区的环境压力和支撑力进行量化评估，该体系由上到下共有4个纵向层次，也就是目标层、准则层、中间层和指标层，这4个层次之间呈递进关系，将这4个递进层次进行有机组合，形成群组决策的结构模型。

（2）创立比较判断矩阵。

结构模型含有很多元素，这些元素分布在每一层级上。在同一层次中的不同元素，可用1~9及这些数值的倒数对元素进行标度，然后创建元素与元素之间的两两判断矩阵，将两个元素之间的关系进行量化。

（3）单排序权重及一致性检验。

对判断矩阵进行计算，获得的特征向量其实是一种相对重要性的量化数值，是本层次与上层次元素比较得来的，也就是所谓的单排序权重。一致性指标用 CI 来表示，它与同阶随机一致性指标进行对比，两者的比值就是随机一致性比率，可用 CR 来表示。需要对判断矩阵进行综合分析，确定结果是不是协调一致以及满意度如何。

假设专家 k 给出的判断矩阵为 $A_k = (a_{kij})_{m \times n}$，根据式（4 - 2）归一化处理：

$$\overline{a_{kij}} = \frac{a_{kij}}{\sum\limits_{i=1}^{n} a_{kij}} \qquad (4-2)$$

归一化处理后的判断矩阵，再根据式（4 - 3）按行相加，可得：

$$\overline{W_{ij}} = \sum\limits_{i=1}^{n} \overline{a_{ij}} \qquad (4-3)$$

对向量 $\overline{W} = \{\overline{W_1}\, \overline{W_2} \cdots \overline{W_n}\}^T$ 进行归一化处理，可得各层次单排序向量。

（4）总排序权重。

依据由上及下原则，通过矩阵对单排序权重进行计算，明确最下层（指标层）每一元素对最高层，也就是总目标，所起的相对重要性，这种有关元素重要性的矩阵计算，所得到的就是总排序权重。随后，利用上文方法展开同样计算，得到一致性比率 CR，对判断矩阵进行综合分析，确定结果是不是一致以及满意度如何。

（5）形成群组排序权重向量组。

总排序权重是通过科学计算得来的，如果每个参数都是客观有效的，那么其结果也真实可靠。但是，每个专家研究或从业重点不同，经验方面也有很大差别，所以专家制定的判断矩阵难免会掺杂个人主观因素在里面，影响矩阵的客观科学性，而判断矩阵又是总排序权重计算的基础和核心，这就导致总排序权重的结果可能会受到专家个人因素不同程度的影响。旨在将专家们的决策结果进行有机整合，本书将通过一定的逻辑处理方法，将参数组合为群组排序权重向量组，个体结果比较精确，具有很强的客观性和说服力，也可将这种向量组称为主观赋值向量组 Wzg。

$$W_{zg} = \begin{pmatrix} W_{zg11} & W_{zg12} & \cdots & W_{zg1k} \\ W_{zg21} & W_{zg22} & \cdots & W_{zg2k} \\ \vdots & \vdots & \ddots & \vdots \\ W_{zgn1} & W_{zgn2} & \cdots & W_{zgnk} \end{pmatrix}$$

4.2.2.2 基于熵理论的熵权分析

熵理论近些年来被大规模应用到各领域，具有很强的适用性。此处根据熵理论对指标权重进行精确计算，每个指标值都是不同的，可利用这种差异展开熵计算，进而明确每个指标的权重。在开展环境评价时，其指标的权重对评价结果有着无可替代的重要性，所以指标的确定方法选择对整体结果有着极强的重要性。可选择熵权确定法，构建原始数据矩阵，并对其进行归一化处理，如此一来，即可明确体系内各指标的权重。同样，熵权分析也是一种客观赋值方法[132-139]。

本书引入熵权分析法，是为了明确体系中的定量指标权重 W_{sq}，记为：$W_{sq} = \{W_{Sq1} W_{Sq2} \cdots W_{Sqn}\}^T$，具体计算可参照式（4-4）、式（4-5）、式（4-6）、式（4-7）和式（4-8）。

对待评价问题做出假设：共有评价指标 m 个，评价对象 n 个，基于定量和定性原则，创建评价矩阵：$R = (r_{ij})_{m \times n}$。$r_{ij}$ 表示基于指标 i 第 j 个对象的对应值，且 $r_{ij} \in [0, 1]$。为了对负向指标做正向化处理以及消除量纲处理，本书采用最大最小值法对所有指标进行了标准化处理，按照式（4-4）计算：

$$r_{ij} = \frac{r'_{ij} - \min\limits_{j}\{r'_{ij}\}}{\max\limits_{j}\{r'_{ij}\} - \min\limits_{j}\{r'_{ij}\}}(i=1, 2, \cdots, m; j=1, 2, \cdots, n)$$

$$(4-4)$$

则第 i 个评价指标的熵 H 可以定义为：

$$H_i = -k\sum_{j=1}^{n} f_{ij}\ln(f_{ij})(i=1,2,\cdots,m) \qquad (4-5)$$

$$f_{ij} = \frac{r_{ij}}{\sum\limits_{j=1}^{n} r_{ij}} \qquad (4-6)$$

$$k = \frac{1}{\ln(n)} \qquad (4-7)$$

依照熵理论，评价指标 i 的熵权如下：

$$W_i = \frac{1 - H_i}{m - \sum\limits_{i=1}^{m} H_i} \qquad (4-8)$$

由此可知，指标值若变异越大，那就意味着该指标具有越多的信息量，如果对应的熵值越小，则表示该指标具有更大的评价权重；反过来也是如此，若指标 i 所能引起的变异越小，就表示该指标所能带来的信息量越少，对应的熵值越大，这个指标权重越大，在评价中所起的作用也越大。

4.2.2.3 基于最优加权法组合权重赋值

将客观赋值向量组与主观赋值向量组进行组合，构建权重集合。对上述各权重列向量进行再次权重确定，由此计算出京津冀区域环境风险评价指标的综合权重。

本书中京津冀区域环境风险评价指标的综合权重考虑了各评价

主体对京津冀区域环境风险指标重要程度的判断依据和指标状况的熟悉程度，京津冀区域环境风险指标权重的研究是一个群体决策，为了更符合实际，需考虑不同评价主体和方法决策本身的重要程度[139]，如式（4-9）所示：

$$C_k = (C_{ak} + C_{sk})/2 \tag{4-9}$$

式（4-9）中，C_{ak} 和 C_{sk} 分别表示第 k 位评价主体的判断依据和熟悉程度。根据本书研究实际，设计判断依据为四项：理论分析、实践经验、国内外了解、直觉，分别赋予 0.3，0.3，0.3，0.1 的分值，选项累加值为 C_{ak}；熟悉程度分为六个不同层次：不熟悉、不太熟悉、一般、比较熟悉、熟悉、很熟悉，分别赋予 0，0.2，0.4，0.6，0.8，1 的分值，其选项值即为 C_{sk}。

随后，将重要度归一化，可获得单一权重向量所起的具体作用大小，也就是其自身权重 W_{ff}，计算方法依据式（4-10）：

$$W_{ff_k} = \frac{C_k}{\sum\limits_{k=1}^{10} C_k} \tag{4-10}$$

最后，根据权重集合 W_{zh} 和单一权重列向量的自身权重 W_{ff}，求取京津冀区域环境风险评价指标的综合权重 W，且 $W = \{W_1 W_2 \cdots W_n\}^T$。部分矩阵及运算如式（4-11）：

$$W_{kg} = \{W_{Sz1}\ W_{Sz2} \cdots W_{Sql}\ W_{sq(l+1)}\ W_{sq(l+2)} \cdots W_{sqn}\}^T$$

$$W_{zh} = \begin{pmatrix} W_{zg11} & W_{zg12} & \cdots & W_{zg1k} & W_{kg1} \\ W_{zg21} & W_{zg22} & \cdots & W_{zg2k} & W_{kg2} \\ \vdots & \vdots & \ddots & \vdots & \vdots \\ W_{zgn1} & W_{zgn2} & \cdots & W_{zgnk} & W_{kgn} \end{pmatrix}$$

$$W_{ff} = \{W_{ff1}\quad W_{ff2}\quad \cdots \quad W_{ffk}\quad W_{ff(k+1)}\}^T$$

$$W_i = \sum_{j=1}^{k+1} W_{zhij} \cdot W_{ffi} \qquad\qquad (4-11)$$

4.2.3 指标权重计算

4.2.3.1 群组决策层次分析法计算结果

（1）构造京津冀区域环境风险评价指标权重赋值 AHP 模型。

本书根据第 3 章确定的京津冀环境风险评价指标体系，构建京津冀区域环境风险评价指标权重赋值 AHP 模型，共分为四层：

1）目标层 A 层的选取。该层是做高层次的指标，将京津冀区域环境风险评价值定位 A 层，即目标层。

2）系统层 B 层的选取。根据风险相关变量特征，将准则层确定为风险源危险性指标（B1）、风险受体易损性指标（B2）和风险防控机制有效性指标（B3）作为系统层指标。

3）准则层 C 层的选取。主要包含风险源危险性指标（B1）、风险受体易损性指标（B2）和风险防控机制有效性指标（B3）下级分指标：工业污染源（C1）、风险受体恢复力（C2）、风险受体敏感性（C3）、风险过程控制（C4）以及风险源头控制（C5）。

4）指标层 D 层的选取。指标层主要包含准则层指标项的分指标，其中工业污染源分指标 7 项，风险受体恢复力分指标 3 项，风险受体敏感性分指标 4 项，风险过程控制分指标 3 项，风险源头控制分指标 3 项如表 4-3 所示。

表4-3 京津冀区域环境风险评价指标权重赋值 AHP 模型

目标层 A	系统层 B	准则层 C	指标层 D
京津冀区域环境风险状态（A）	风险源危险性（B1）	工业污染源（C1）	市区环境噪声等效声级（D1）
			存在环境风险企业密度（D2）
			工业废气排放量（D3）
			机动车保有量（D4）
			工业废水排放量（D5）
			一般工业固废产生量（D6）
			规模以上工业企业转入起数（D7）
	风险受体易损性（B2）	恢复力（C2）	人均 GDP（D8）
			城镇医疗卫生机构床位数/千人（D9）
			人均绿地面积（D10）
		敏感性（C3）	高中以下学历人数/每十万人（D11）
			人口密度（D12）
			自然保护区覆盖率（D13）
			老人、儿童比重（D14）
	风险防控机制有效性（B3）	过程控制（C4）	城市维护建设投入资金比例（D15）
			地表水环境监测能力（D16）
			空气环境监测能力（D17）
		源头控制（C5）	污水集中处理率（D18）
			一般工业固废综合利用率（D19）
			危险固废综合利用率（D20）

（2）构造判断矩阵。

对于构造京津冀区域环境风险评价指标体系各层级的判断矩阵，本书邀请 10 位环境学研究领域以及城市环保部门的相关学者、专家，分别对指标做出判断，给出 10 组不同的各层次风险因素的判断矩阵。如表 4-4～表 4-11 所示。

表4-4　环境风险评价指标判断矩阵 A-B（1~3）

专家代码 指标	1	2	3	4	5	6	7	8	9	10
B_1、B_2	5	6	7	5	4	5	7	3	5	6
B_1、B_3	5	8	8	4	5	3	5	2	2	3
B_2、B_3	1	1.33	3	0.8	1.25	0.6	0.71	0.67	0.4	0.5

表4-5　风险源危险性指标判断矩阵 B1-C1-D（1~7）

专家代码 指标	1	2	3	4	5	6	7	8	9	10
D1、D2	0.11	0.5	0.5	0.25	0.25	0.11	0.33	0.14	0.2	0.125
D1-D3	0.14	0.25	0.2	0.20	0.25	0.2	0.33	0.2	0.33	0.2
D1-D4	0.25	1	1	0.25	1	0.25	0.33	0.33	0.33	0.33
D1-D5	0.17	0.17	0.2	0.25	0.25	0.14	0.33	0.33	0.2	0.25
D1-D6	0.2	0.2	0.2	4.00	0.25	0.2	0.33	0.33	0.2	0.33
D1-D7	0.125	0.33	0.5	0.50	1	0.33	0.25	0.5	0.2	0.2
D2、D3	1.29	0.5	0.33	0.80	1	1.8	1	1.42	1.67	3
D2-D4	2.25	2	3	1.00	4	2.27	1	2.36	1.67	5
D2-D5	1.5	0.33	0.33	1.00	1	1.27	1	2.36	1	3
D2-D6	2	0.4	0.33	6.00	1	1.8	1	2.36	1	3
D2-D7	1.13	0.67	1	6.00	4	3	0.75	3.5	1	0.33
D3、D4	1.75	4	4	1.25	4	2.27	1	1.67	1.67	3
D3-D5	1.17	0.67	1	1.25	1	1.27	1	1.67	1	2
D3-D6	1.4	0.8	1	5.00	1	1	1	1.67	1	3
D3-D7	0.875	1.33	3	2.50	4	1.65	0.75	2.5	1	0.33
D4、D5	0.67	0.13	0.25	1.00	0.25	0.56	1	1	1	0.2
D4-D6	0.8	0.2	0.25	2.00	0.25	0.8	1	1	1	0.33
D4-D7	0.5	0.33	2	2.00	1	1.32	0.75	1.5	1	3
D5、D6	1.2	1.2	1	2.00	1	1.42	1	1	1.67	3
D5-D7	4	2	3	3.00	4	2.35	0.75	1.5	1.67	3
D6、D7	2	1.67	3	3	4	1.65	0.75	1.5	1.67	2

表4-6 风险受体易损性分指标判断矩阵 B2-C (2~3)

专家代码 指标	1	2	3	4	5	6	7	8	9	10
C_2、C_3	3	0.25	0.33	0.25	0.33	0.33	0.2	2	3	0.2

表4-7 风险防控机制有效性分指标判断矩阵 B1-C (4~5)

专家代码 指标	1	2	3	4	5	6	7	8	9	10
C_4、C_5	0.2	0.167	0.14	0.125	0.33	0.11	0.33	0.25	0.2	0.14

表4-8 环境风险恢复力分指标判断矩阵 C2-D (8~10)

专家代码 指标	1	2	3	4	5	6	7	8	9	10
D_8、D_9	5	3	2	4	4	5	3	3	5	5
$D_8 - D_{10}$	0.33	1	1	0.2	5	3	3	3	7	3
D_9、D_{10}	0.11	0.33	1	0.167	1.25	0.6	1	1	1.4	0.6

表4-9 环境风险敏感性分指标判断矩阵 C3-D (11~14)

专家代码 指标	1	2	3	4	5	6	7	8	9	10
D_{11}、D_{12}	0.14	0.25	0.2	0.167	0.5	0.14	0.5	0.2	0.2	0.14
$D_{11} - D_{13}$	0.2	0.2	0.2	0.2	0.5	0.33	0.5	0.25	0.33	0.33
$D_{11} - D_{14}$	0.33	1	1	0.25	1	3	0.33	0.167	3	2
D_{12}、D_{13}	1.4	0.8	1	1.2	1	2.35	1	0.8	0.2	2.35
$D_{12} - D_{14}$	2.33	4	3	2	2	6	1.67	1.25	2	6
D_{13}、D_{14}	1.67	5	5	1.25	2	5	0.67	3	5	0.33

表 4-10 环境风险过程控制分指标判断矩阵 C4-D (15~17)

专家代码 指标	1	2	3	4	5	6	7	8	9	10
D_{15}、D_{16}	5	4	5	5	3	2	2	4	5	5
D_{15}-D_{17}	4	5	3	5	3	2	2	4	5	5
D_{16}、D_{17}	0.8	1.25	0.6	1	1	1	1	1	1	1

表 4-11 环境风险源头控制分指标判断矩阵 C5-D (18~20)

专家代码 指标	1	2	3	4	5	6	7	8	9	10
D_{18}、D_{19}	0.33	3	2	1	3	3	3	4	2	2
D_{18}-D_{20}	0.2	2	2	0.2	4	2	1	1	0.33	1
D_{19}、D_{20}	0.6	0.67	1	0.2	1.33	0.67	0.33	0.25	0.17	0.5

根据式 (4-2) 和式 (4-3) 计算出:

(3) 指标单排序及一致性检验如表 4-12~表 4-19。

表 4-12 系统层单排序及一致性检验 A-B (1-3)

指标	单排序									
	专家 1	专家 2	专家 3	专家 4	专家 5	专家 6	专家 7	专家 8	专家 9	专家 10
B1	0.72	0.77	0.76	0.69	0.69	0.65	0.75	0.55	0.59	0.67
B2	0.14	0.13	0.16	0.14	0.17	0.13	0.11	0.18	0.12	0.11
B3	0.14	0.10	0.08	0.17	0.14	0.22	0.15	0.27	0.29	0.22
CR	0	0.0183	0.01	0.00	0.00	0.00	0.01	0.00	0.00	0.0032
	均小于 0.1, 通过一致性检验									

表 4 - 13　准则层 B2 - C（2~3）单排序

指标	单排序									
	专家1	专家2	专家3	专家4	专家5	专家6	专家7	专家8	专家9	专家10
C2	0.75	0.20	0.25	0.20	0.25	0.25	0.17	0.67	0.75	0.17
C3	0.25	0.80	0.75	0.80	0.75	0.75	0.83	0.33	0.25	0.83

表 4 - 14　准则层 B3 - C（4~5）单排序

指标	单排序									
	专家1	专家2	专家3	专家4	专家5	专家6	专家7	专家8	专家9	专家10
C4	0.17	0.14	0.12	0.11	0.25	0.10	0.25	0.20	0.17	0.12
C5	0.83	0.86	0.88	0.89	0.75	0.90	0.75	0.80	0.83	0.88

表 4 - 15　指标层单排序及一致性检验 C1 - D（1~7）

指标	单排序									
	专家1	专家2	专家3	专家4	专家5	专家6	专家7	专家8	专家9	专家10
D1	0.02	0.05	0.05	0.07	0.05	0.03	0.05	0.04	0.04	0.03
D2	0.23	0.09	0.10	0.23	0.21	0.27	0.15	0.29	0.19	0.26
D3	0.15	0.18	0.24	0.23	0.21	0.15	0.15	0.21	0.11	0.16
D4	0.12	0.04	0.07	0.17	0.05	0.12	0.15	0.12	0.11	0.09
D5	0.17	0.28	0.24	0.18	0.21	0.21	0.15	0.12	0.19	0.18
D6	0.12	0.22	0.24	0.07	0.21	0.15	0.15	0.13	0.19	0.10
D7	0.19	0.14	0.08	0.06	0.05	0.09	0.20	0.08	0.19	0.19
CR	0.0336	0.0013	0.03	0.01	0.00	0.00	0.00	0.01	0.00	0.03
	均小于0.1，通过一致性检验									

表 4 – 16　指标层单排序及一致性检验 C2 – D（8 ~ 10）

指标	单排序									
	专家1	专家2	专家3	专家4	专家5	专家6	专家7	专家8	专家9	专家10
D8	0.27	0.43	0.41	0.31	0.69	0.61	0.60	0.60	0.07	0.65
D9	0.06	0.14	0.26	0.08	0.17	0.09	0.20	0.20	0.23	0.13
D10	0.67	0.43	0.33	0.62	0.14	0.30	0.20	0.20	0.70	0.22
CR	0.0243	0.0032	0.05	0.00	0.00	0.013	0.01	0.01	0.02	0.0026
	均小于0.1，通过一致性检验									

表 4 – 17　指标层单排序及一致性检验 C3 – D（11 ~ 14）

指标	单排序									
	专家1	专家2	专家3	专家4	专家5	专家6	专家7	专家8	专家9	专家10
D11	0.06	0.09	0.09	0.06	0.17	0.12	0.09	0.07	0.28	0.11
D12	0.44	0.36	0.38	0.40	0.33	0.63	0.45	0.30	0.11	0.54
D13	0.31	0.45	0.43	0.31	0.33	0.18	0.18	0.37	0.53	0.17
D14	0.19	0.09	0.10	0.23	0.17	0.07	0.27	0.27	0.08	0.17
CR	0.0028	0	0.01	0.01	0.00	0.016	0.00	0.09	0.08	0.04
	均小于0.1，通过一致性检验									

表 4 – 18　指标层单排序及一致性检验 C4 – D（15 ~ 17）

指标	单排序									
	专家1	专家2	专家3	专家4	专家5	专家6	专家7	专家8	专家9	专家10
D15	0.69	0.69	0.66	0.71	0.60	0.50	0.50	0.67	0.09	0.71
D16	0.14	0.17	0.15	0.14	0.20	0.25	0.25	0.17	0.45	0.14
D17	0.17	0.14	0.20	0.14	0.20	0.25	0.25	0.17	0.45	0.14
CR	0	0	0.01	0.00	0.01	0.00	0.00	0.00	0.00	0.00
	均小于0.1，通过一致性检验									

表 4 - 19　指标层单排序及一致性检验 C5 - D（18~20）

指标	单排序									
	专家 1	专家 2	专家 3	专家 4	专家 5	专家 6	专家 7	专家 8	专家 9	专家 10
D18	0.11	0.55	0.50	0.14	0.63	0.50	0.43	0.44	0.25	0.40
D19	0.33	0.18	0.25	0.14	0.21	0.12	0.14	0.11	0.16	0.20
D20	0.56	0.27	0.25	0.71	0.16	0.38	0.43	0.44	0.59	0.40
CR	0.0026	0.0016	0.00	0.00	0.00	0.015	0.01	0.00	0.05	0.001
	均小于 0.1，通过一致性检验									

从表 4 - 12 可以看出，系统层指标中风险源危险性的权重为 0.7 左右，比其他指标明显要大很多，说明在京津冀区域环境风险源中，风险源危险性影响最大。同时，也不可忽视环境风险受体易损性，由于近年来京津冀一体化进程的加速，环境资源的开发利用使得环境支撑力逐年下降，对风险的承受能力逐渐减弱，风险敏感程度越来越强，因此要保证环境可持续发展，必须保证环境风险源危险性在环境可承受范围内。另外风险防控机制比重占到了 0.2 左右，说明在风险的防控方面仍存在很多不足，因此在完善风险防控机制方面还需做大量工作。

（4）指标综合权重总排序。

根据式（4 - 3）计算京津冀区域环境风险评价指标的综合权重值，计算结果如表 4 - 20。

表 4 - 20　风险评价指标权重总排序

指标	指标层综合排序									
	专家 1	专家 2	专家 3	专家 4	专家 5	专家 6	专家 7	专家 8	专家 9	专家 10
D1	0.015	0.035	0.036	0.046	0.036	0.019	0.037	0.022	0.022	0.018
D2	0.161	0.069	0.073	0.157	0.145	0.173	0.112	0.158	0.109	0.174

续表

指标	指标层综合排序									
	专家1	专家2	专家3	专家4	专家5	专家6	专家7	专家8	专家9	专家10
D3	0.106	0.139	0.183	0.157	0.145	0.096	0.112	0.113	0.065	0.106
D4	0.088	0.034	0.051	0.116	0.036	0.077	0.112	0.068	0.065	0.057
D5	0.123	0.218	0.183	0.121	0.145	0.135	0.112	0.068	0.109	0.120
D6	0.088	0.174	0.183	0.049	0.145	0.096	0.112	0.072	0.109	0.068
D7	0.133	0.104	0.057	0.045	0.036	0.056	0.149	0.045	0.109	0.124
D8	0.029	0.011	0.016	0.008	0.030	0.020	0.011	0.073	0.006	0.012
D9	0.007	0.004	0.010	0.002	0.007	0.003	0.004	0.024	0.021	0.002
D10	0.072	0.011	0.013	0.017	0.006	0.010	0.004	0.024	0.062	0.004
D11	0.002	0.009	0.010	0.007	0.022	0.012	0.008	0.004	0.008	0.010
D12	0.016	0.038	0.046	0.046	0.043	0.062	0.040	0.018	0.003	0.051
D13	0.011	0.047	0.052	0.035	0.043	0.018	0.016	0.022	0.016	0.016
D14	0.007	0.009	0.012	0.026	0.022	0.007	0.024	0.012	0.016	0.016
D15	0.016	0.010	0.006	0.014	0.021	0.011	0.019	0.036	0.004	0.020
D16	0.003	0.002	0.001	0.003	0.007	0.005	0.009	0.009	0.022	0.004
D17	0.004	0.002	0.002	0.003	0.007	0.005	0.009	0.009	0.022	0.004
D18	0.013	0.045	0.033	0.022	0.066	0.098	0.048	0.097	0.062	0.078
D19	0.040	0.015	0.016	0.022	0.022	0.023	0.016	0.024	0.039	0.039
D20	0.066	0.022	0.016	0.109	0.016	0.074	0.048	0.097	0.144	0.078

表4-20为10位专家群组决策层次分析法获得的京津冀区域环境风险评价指标的总排序权重简单组合成群组排序权重向量组，由表4-20中可以看出各位专家各自给出的各项指标对总目标的影响程度的大小，为后文的风险评价提供评价依据。

4.2.3.2　熵权计算指标客观权重结果

（1）计算第i个评价指标下第j个评价项目的指标值的比重P_{ij}：

现有京津冀城市群 13 个节点城市（北京、天津、保定、石家庄、唐山、秦皇岛、邯郸、张家口、承德、廊坊、沧州、邢台、衡水）作为待评价项目，根据表 4 - 3 构建的 13 个待评价项目的对应指标的标准化值矩阵 $R = (r_{ij})_{n \times m}$。

按照式（4 - 6）计算第 i 个指标下第 j 个评价项目的指标值的比重 f_{ij}，并构建归一化矩阵 $F = (f_{ij})_{n \times m}$：

$$f_{11} = \frac{r_{11}}{\sum\limits_{j=1}^{13} r_{1j}} = \frac{0.33}{0.33 + 0.45 + \cdots + 0.33} = 0.08$$

其余同理求出，详见表 4 - 21：

表 4 - 21 各评价指标下各评价项目的指标值比重 f_{ij}

$F = (f_{ij})_{n \times m}$												
0.08	0.10	0.23	0.00	0.04	0.14	0.08	0.08	0.02	0.07	0.07	0.02	0.08
0.12	0.26	0.04	0.11	0.06	0.03	0.05	0.01	0.00	0.11	0.09	0.05	0.07
0.02	0.19	0.04	0.15	0.26	0.04	0.13	0.05	0.04	0.01	0.01	0.07	0.00
0.35	0.13	0.11	0.10	0.09	0.00	0.06	0.01	0.00	0.03	0.06	0.03	0.02
0.06	0.15	0.11	0.20	0.11	0.04	0.04	0.04	0.00	0.03	0.07	0.11	0.03
0.02	0.07	0.04	0.07	0.55	0.04	0.05	0.04	0.02	0.04	0.00	0.04	0.03
0.02	0.08	0.08	0.18	0.14	0.07	0.07	0.01	0.01	0.09	0.11	0.08	0.08
0.24	0.24	0.01	0.08	0.16	0.05	0.03	0.02	0.04	0.08	0.06	0.00	0.01
0.14	0.09	0.00	0.02	0.11	0.15	0.00	0.08	0.11	0.06	0.04	0.06	0.04
0.26	0.12	0.02	0.06	0.07	0.23	0.04	0.04	0.07	0.06	0.00	0.03	0.01
0.00	0.04	0.10	0.04	0.00	0.07	0.09	0.10	0.00	0.10	0.10	0.11	0.09
0.18	0.17	0.06	0.08	0.07	0.05	0.10	0.01	0.00	0.09	0.07	0.07	0.06
0.19	0.17	0.07	0.10	0.03	0.09	0.04	0.00	0.18	0.00	0.05	0.00	0.05
0.00	0.00	0.09	0.07	0.09	0.08	0.11	0.10	0.09	0.07	0.10	0.10	0.09
0.27	0.04	0.20	0.16	0.01	0.00	0.18	0.00	0.01	0.02	0.02	0.02	0.00
0.37	0.29	0.01	0.03	0.04	0.08	0.04	0.00	0.01	0.03	0.03	0.02	0.06
0.13	0.29	0.03	0.12	0.07	0.11	0.04	0.00	0.00	0.11	0.02	0.04	0.04

续表

$F = (f_{ij})_{n \times m}$												
0.04	0.09	0.06	0.09	0.09	0.11	0.10	0.07	0.07	0.08	0.11	0.08	0.00
0.08	0.10	0.08	0.10	0.05	0.04	0.10	0.00	0.03	0.11	0.11	0.10	0.11
0.12	0.06	0.02	0.03	0.22	0.05	0.10	0.14	0.00	0.06	0.15	0.04	0.02

（2）按照式（4-5）、式（4-7）计算第 i 个指标的熵值 H_i：

$$H_1 = -k \sum_{j=1}^{13} f_{1j} \ln f_{1j} = -\frac{1}{\ln 13}(0.08\ln 0.08 + 0.10\ln 0.10 + \cdots + 0.08\ln 0.08) = 0.89$$

同理，计算出 $H_1 \sim H_{20}$，计算结果如下所示：

$$H_i = \{H_1, H_2, \cdots, H_{20}\} = \{0.89, 0.87, 0.81, 0.79, 0.90,$$
$$0.68, 0.43, 0.81, 0.93, 0.82, 0.95, 0.91, 0.85, 0.94, 0.76,$$
$$0.85, 0.83, 0.96, 0.95, 0.93\}$$

（3）按照式（4-8）计算第 i 个指标的熵权 w_i：

$$w_1 = \frac{1 - H_1}{\sum_{i=1}^{20}(1 - H_i)}$$

$$= \frac{1 - 0.89}{[(1 - 0.89) + (1 - 0.87) + \cdots + (1 - 0.93)]} = \frac{0.11}{2.8}$$

$$= 0.039$$

同理计算出熵权 $w_1 \sim w_{20}$，计算结果如下所示：

$$w_i = \{w_1, w_2, \cdots, w_{20}\}^T = \{0.035, 0.041, 0.060, 0.067,$$
$$0.032, 0.102, 0.182, 0.061, 0.022, 0.056, 0.015, 0.030,$$
$$0.047, 0.020, 0.076, 0.048, 0.053, 0.014, 0.017, 0.022\}^T$$

4.2.3.3 综合赋值

在信息熵理论的基础上，对比以上确定的权重群组的相对比例，主要有主观赋值（群组顺序权重）和客观赋值两类向量组，经过加权组合和统一归化计算后，获得区域环境风险评价指标体系中的综合权重值。

（1）对主观赋值向量组 w_{zg} 和客观赋值向量组 w_{kg} 进行组合成权重集合 w_{zh}，如表4-22所示。且 $w_{zh} = \{ w_{zg1}\ w_{zg2}\ w_{zg3}\ w_{zg4}\ w_{zg5}\ w_{zg6}\ w_{zg7}\ w_{zg8}\ w_{zg9}\ w_{zg10}w_{kg} \}$。

表4-22　组合权重矩阵

指标	W_{zh}										
	w_{zg1}	w_{zg2}	w_{zg3}	w_{zg4}	w_{zg5}	w_{zg6}	w_{zg7}	w_{zg8}	w_{zg9}	w_{zg10}	w_{kg}
D1	0.015	0.035	0.036	0.046	0.036	0.019	0.037	0.022	0.022	0.018	0.039
D2	0.161	0.069	0.073	0.157	0.145	0.173	0.112	0.158	0.109	0.174	0.046
D3	0.106	0.139	0.183	0.157	0.145	0.096	0.112	0.113	0.065	0.106	0.067
D4	0.088	0.034	0.051	0.116	0.036	0.077	0.112	0.068	0.065	0.057	0.075
D5	0.123	0.218	0.183	0.121	0.145	0.135	0.112	0.068	0.109	0.120	0.036
D6	0.088	0.174	0.183	0.049	0.145	0.096	0.112	0.072	0.109	0.068	0.103
D7	0.133	0.104	0.057	0.045	0.036	0.056	0.149	0.045	0.109	0.124	0.090
D8	0.029	0.011	0.016	0.008	0.030	0.020	0.011	0.073	0.006	0.012	0.069
D9	0.007	0.004	0.010	0.002	0.007	0.003	0.004	0.024	0.021	0.002	0.025
D10	0.072	0.011	0.013	0.017	0.006	0.010	0.004	0.024	0.062	0.004	0.063
D11	0.002	0.009	0.010	0.007	0.022	0.012	0.008	0.004	0.008	0.010	0.017
D12	0.016	0.038	0.046	0.046	0.043	0.062	0.040	0.018	0.003	0.051	0.034
D13	0.011	0.047	0.052	0.035	0.043	0.018	0.016	0.022	0.016	0.016	0.053
D14	0.007	0.009	0.012	0.026	0.022	0.007	0.024	0.016	0.002	0.016	0.023
D15	0.016	0.010	0.006	0.014	0.021	0.011	0.019	0.036	0.004	0.020	0.085
D16	0.003	0.002	0.001	0.003	0.007	0.005	0.009	0.009	0.022	0.004	0.054
D17	0.004	0.002	0.002	0.003	0.007	0.005	0.009	0.009	0.022	0.004	0.062
D18	0.013	0.045	0.033	0.022	0.066	0.098	0.048	0.097	0.062	0.078	0.015
D19	0.040	0.015	0.016	0.022	0.022	0.023	0.016	0.024	0.039	0.039	0.019
D20	0.066	0.022	0.016	0.109	0.016	0.074	0.048	0.097	0.144	0.078	0.025

（2）根据式（4-9）、式（4-10）计算权重集合w_{zh}中各类权重列向量的重要度，进而得出各类权重列向量在权重集合w_{zh}出中的相对重要程度，如表4-23所示，归一化处理后得到各权重列向量的自身权重W_{ff}，且：

$$W_{ff} = \{0.064, \ 0.083, \ 0.083, \ 0.083, \ 0.083, \ 0.119, \ 0.082, \ 0.101, \ 0.083, \ 0.101, \ 0.119\}。$$

表4-23 各类权重列向量的重要度

指标	重要程度										
	w_{zg1}	w_{zg2}	w_{zg3}	w_{zg4}	w_{zg5}	w_{zg6}	w_{zg7}	w_{zg8}	w_{zg9}	w_{zg10}	w_{kg}
判断依据	0.3	0.3	0.3	0.3	0.3	0.3	0.3	0.3	0.3	0.3	0.3
熟悉程度	0.4	0.6	0.6	0.6	0.6	1	0.6	0.8	0.6	0.8	1
重要程度	0.35	0.45	0.45	0.45	0.45	0.65	0.45	0.55	0.45	0.55	0.65

（3）根据权重集合w_{zh}和单一权重列向量的自身权重W_{ff}，参照式（4-11）并经归一化处理后，获得环境风险评价指标体系三级指标（D层）相对于目标层的复合权重W_i，且：

$$W_i = \{W_1, \ W_2, \ \cdots, \ W_{20}\} = \{0.029, \ 0.125, \ 0.114, \ 0.071, \ 0.121, \ 0.107, \ 0.084, \ 0.028, \ 0.01, \ 0.025, \ 0.01, \ 0.037, \ 0.03, \ 0.015, \ 0.024, \ 0.012, \ 0.013, \ 0.055, \ 0.025, \ 0.063\}。$$

（4）根据计算出的W_i，再计算出B层对于目标层A层、C层相对于B层、D层相对于C层的复合权重值集。

1）C层对于目标层B层的复合权重值集。

$$C = [C_1, C_2, C_3, C_4, C_5] = \left[\sum_{i=1}^{7} w_i, \sum_{i=8}^{10} w_i, \sum_{i=11}^{14} w_i, \sum_{i=15}^{17} w_i, \sum_{i=18}^{20} w_i\right]$$

$$= [0.651, 0.064, 0.0929, 0.0497, 0.142]$$

2）B 层相对于 A 层的复合权重值集。

$$B = \begin{bmatrix} B_1, B_2, B_3 \end{bmatrix} = \begin{bmatrix} \sum_{j=1}^{1} w_{C_j}, \sum_{j=2}^{3} w_{C_j}, \sum_{i=11}^{14} w_{C_j} \end{bmatrix}$$

$$= \begin{bmatrix} 0.651, 0.157, 0.192 \end{bmatrix}$$

4.3 京津冀区域环境风险评价

根据前文选定的京津冀区域环境风险评价指标，对京津冀区域环境风险进行评估分级。本书拟用指数法来计算京津冀风险指数，通过各指标风险值及指标权重来确定京津冀区域环境风险大小[140]。

4.3.1 风险状态的划分

为使下文计算结果更合理、准确，本书将对各项指标的基准值的划定，并通过一定的处理，得出每个城市各项指标的得分[164-167]。

利用式（4-12）计算各指标的风险度：

$$d_i = \begin{cases} \dfrac{W_i}{Q_i} & \text{指标属性为正} \\[3mm] \dfrac{Q_i}{W_i} & \text{指标属性为逆} \end{cases} \qquad (4-12)$$

其中，d_i、W_i、Q_i 分别为第 i 个指标风险度、标准化值和标准化均值。$d_i = 1$ 是一个平衡点，也是安全点。各节点城市所有指标风险度计算结果如表 4-24 所示。

表4-24 京津冀区域环境风险指标风险度测量值

指标风险度 d_i

指标	单位	北京	天津	保定	石家庄	唐山	秦皇岛	邯郸	张家口	承德	廊坊	沧州	邢台
市区环境噪声等效声级	1.00	1.02	1.09	0.95	0.98	1.04	1.01	1.00	0.96	0.99	0.99	0.96	1.00
存在环境风险企业密度	1.56	3.19	0.56	1.39	0.83	0.43	0.74	0.14	0.07	1.39	1.11	0.69	0.90
工业废气排放量	0.49	1.97	0.65	1.58	2.54	0.66	1.48	0.77	0.73	0.46	0.40	0.92	0.35
机动车保有量	3.27	1.50	1.25	1.22	1.08	0.35	0.87	0.46	0.35	0.66	0.87	0.63	0.49
工业废水排放量	0.87	1.83	1.37	2.32	1.35	0.61	0.62	0.60	0.15	0.50	0.92	1.38	0.48
工业固废产生量	0.41	0.89	0.60	0.93	5.74	0.66	0.73	0.63	0.43	0.60	0.22	0.60	0.56
规模以上工业企业转入起数	0.35	0.91	1.70	2.44	1.93	0.58	0.83	0.25	0.25	0.56	1.58	0.96	0.67
人均GDP	2.09	2.12	0.51	1.00	1.54	0.80	0.66	0.60	0.76	1.04	0.86	0.48	0.54
城镇医疗卫生机构床位数/千人	1.20	1.05	0.76	1.03	1.12	1.23	0.87	1.00	1.09	0.94	0.87	0.95	0.88
人均绿地面积	2.90	1.45	0.38	0.83	0.94	2.63	0.59	0.58	0.94	0.78	0.20	0.46	0.34
高中以下学历人数/每十万人	0.60	0.79	1.14	0.83	1.01	0.96	1.09	1.11	1.11	1.02	1.13	1.15	1.06
人口密度	2.10	2.08	0.83	1.08	0.94	0.65	1.24	0.20	0.14	1.14	0.88	0.93	0.80
自然保护区覆盖率	2.46	2.27	0.90	1.34	0.34	1.23	0.55	0.28	2.36	0.00	0.61	0.00	0.65
老人、儿童比重	0.42	0.40	1.13	0.91	1.09	1.06	1.23	1.20	1.09	0.96	1.21	1.17	1.11
城市维护建设投入资金比例	2.68	0.65	2.10	1.74	0.43	0.54	1.91	0.66	0.42	0.51	0.47	0.54	0.33
地表水环境监测能力	4.37	3.50	0.29	0.42	0.52	1.04	0.52	0.11	0.20	0.46	0.42	0.31	0.84
空气环境监测能力	1.49	3.08	0.55	1.40	0.91	1.31	0.68	0.28	0.26	1.28	0.44	0.66	0.69
污水集中处理率	0.94	1.03	0.98	1.03	1.02	1.05	1.05	0.98	0.99	1.00	1.06	1.00	0.87
一般工业固废综合利用率	1.04	1.17	1.02	1.13	0.83	0.77	1.13	0.52	0.71	1.19	1.18	1.13	1.18
危险固废综合利用率	1.54	0.76	0.19	0.37	2.85	0.69	1.34	1.82	0.00	0.80	1.90	0.45	0.29

将风险度按照的 d_i 数值划分为 5 个等级，分别对应于京津冀环境风险指标风险状态"无""偏小""一般""偏大"和"过大"五种，分别以"蓝色""浅蓝色""绿色""黄色""红色"表示。"绿色"居中，代表常态或者稳定状态，表明当前环境系统相对健康、稳定。"黄色"区域处于"绿色"区域上方，表明污染物排放压力较大，区域环境风险源危险性"稍危险"，在短期内有可能持续恶化或者区域安全，如果持续恶化则会转为"红色"，"红色"在"黄色"区域的上方，表示环境风险源危险性极高，应及时采取污染源排放控制措施，避免环境风险进一步加大；如果转为"绿色"，则表示当前采取的防控措施可继续实施；"浅蓝色"以及"蓝色"区域处于"绿色"区域的下方，表明环境污染源释放带来的压力很小，也就是说环境容量还有很大的空间可供该区域社会经济的发展。但是 5 个等级的临界点如何确定，下文将给出单指标和目标风险等级临界点的确定方法[141]。

4.3.2 单个指标风险等级临界点确定方法

单个指标临界点的确定在划分指标危险状态中起着关键的作用，在确定单个指标临界点的时候须遵循两个原则：第一，要根据全部研究范围的城市各个指标的初始数据的真实测量值，明确指标波动范围的中心线路，确定指标正常范围的中间位置，按照指标落点在各个区域的概率需求，计算出基础临界点。第二，针对获取的异常数据，应根据理论和经验判定，删除异常值，重新明确中心线路并计算基础临界点[163]。

（1）根据指标落入各危险状态区域的概率来确定区域临界值。

由于"绿色"区域处于居中位置，也是属于危险性常态区域，区域落点概率通常介于40%～60%，因此本文采取居中原则，按照50%确定其临界值。"红色"区域和"蓝色"区域处于两个极点，为"过大"和"过小"风险，一般有5%～10%的概率，由于京津冀各节点城市区域发展状况差别幅度较大，所以，本书将"红色"和"蓝色"区域指标落点概率定位为10%。相对而言，"黄色"和"浅蓝色"的危险性范围较为稳定，较为安全，属于稳定可控，为"偏大"和"偏小"风险，常规情况下落点概率大于极点范围，因此，确定它们的概率值均为15%。按照以上概率划分，计算出每个指标临界点的累加概率分布值：蓝色范围的上界和浅蓝色范围的下界落位点位为10%，浅蓝色范围的上界和绿色范围的下界落位点位为25%，绿色范围的上界和黄色范围的下界落位点位为75%，黄色范围的上界和红色范围的下界落位点位为90%。

上述为临界值初步计算结果，而在实际计算时由于极端发展以及动态发展的影响，可能会做必要的调整。分析判断指标分布情况，删除异常数据，调整指标范围中心线路和基础临界点位，计算出调整后的临界点分割各区域的落点概率，核实指标符合运行合理趋势后，确认最终临界点，另外，还应借鉴理论和实践结果为依据。

（2）明确了每个指标的临界值后，对每个指标所在的范围区域进行赋值如下，"红色区域"为5分，"黄色区域"为4分，"绿色区域"为3分，"浅蓝色区域"为2分，"蓝色区域"为1分。

4.3.3 目标层、准则层、系统层指标风险指数临界值的确定方法

结合第 4 章各指标的权重，对每个指标分数进行加权汇总，计算出综合危险性指数。综合危险性指数也划分为"红色""黄色""绿色""浅蓝色"和"蓝色"五个区域。其临界值的确定方式如下所示：绿色区域中心线为 N×3（N 为指标个数）；绿色、浅蓝色区域的界限为 N×(3+2)/2；同样，绿色、黄色区域的界限为 N×(3+4)/2；浅蓝色、蓝色的界限为 (N×2)−1；黄色、红色区域的界限为 (N×4)+1[141]。

4.3.4 单个风险指标风险等级临界值计算

结合京津冀城市群 2015 年环境统计数据的波动得到，京津冀城市群环境风险指数各分项指标的临界值如表 4−25 所示。

表 4−25 京津冀环境风险指数各分项指标的临界值

分指标指数	临界值			
	蓝—浅蓝	浅蓝—绿	绿—黄	黄—红
市区环境噪声等效声级	0.96	0.97	1.02	1.07
存在环境风险企业密度	0.11	0.5	1.39	2.38
工业废气排放量	0.38	0.48	1.53	2.26
机动车保有量	0.35	0.48	1.24	2.39
工业废水排放量	0.32	0.55	1.38	2.08
工业固废产生量	0.32	0.5	0.81	3.34
规模以上工业企业转入起数	0.25	0.46	1.64	2.19

续表

分指标指数	临界值			
	蓝—浅蓝	浅蓝—绿	绿—黄	黄—红
人均 GDP	0.5	0.57	1.29	2.11
城镇医疗卫生机构床位数/千人	0.82	0.88	1.11	1.22
人均绿地面积	0.27	0.42	1.2	2.77
高中以下学历人数/每十万人	0.7	0.9	1.12	1.15
人口密度	0.17	0.73	1.19	2.09
自然保护区覆盖率	0	0.31	1.81	2.41
老人、儿童比重	0.41	0.94	1.19	1.22
城市维护建设投入资金比例	0.38	0.45	1.83	2.39
地表水环境监测能力	0.16	0.3	0.94	3.94
空气环境监测能力	0.27	0.5	1.36	2.29
污水集中处理率	0.91	0.98	1.04	1.06
一般工业固废综合利用率	0.62	0.8	1.18	1.19
危险固废综合利用率	0.1	0.33	1.68	2.38

4.3.5 目标层、准则层、系统层指标风险指数及其分指数计算

环境风险指数（ERR）由三部分分指数构成，即风险源危险性分指数（PSR）、风险受体易损性分指数（RV）以及风险防控机制有效性分指数（PCE）[164-167]。其计算式如式（4-13）：

$$ERR = PSR \times W_1 + RV \times W_2 + PCE \times W_3 \qquad (4-13)$$

其中，W_1、W_2 和 W_3 分别为目标层下三个分指数的权重。

风险源危险性分指数（PSR）表征区域环境释放污染源对环境系统产生的压力，PSR 越大，环境风险源危险性越大；风险受体易损性分指数（RV）表征环境系统对污染释放的容量，RV 越大，环

境受体越容易遭到破坏，越敏感；风险防控机制有效性风险分指数（PCE）表征区域环境风险防控机制是否有效，PCE 值越大，说明防控机制有效性风险越大，即有效性越差。这样就可以用 PSR、RV 和 PCE 构成的三维空间来表述环境风险与三个风险源之间的相互关系，并可以直观判断京津冀区域环境风险的主要来源。

风险源危险性分指数（PSR）、风险受体易损性分指数（RV）和风险防控机制有效性风险分指数（PCE）的计算式如式（4-14）~式（4-16）：

$$PSR = \sum_{i=1}^{n} PSR_i \times W_{1i} \tag{4-14}$$

$$RV = \sum_{j=1}^{m} RV_j \times W_{2j} \tag{4-15}$$

$$PCE = \sum_{k=1}^{l} PCE_k \times W_{3k} \tag{4-16}$$

式（4-14）~式（4-16）中，n，m，l 分别表示每个系统层指标下对应的准则层指标个数，PSR_i 表示第 i 个风险源危险性分指标的指数值，W_{1i} 为第 i 个风险源危险性指标的权重；RV_j 表示第 j 个风险受体易损性分指标的指数值，W_{2j} 为第 j 个风险受体易损性分指标的权重；PCE_k 表示第 k 个风险防控机制有效性分指标的指数值，W_{3k} 为第 j 个风险防控机制有效性分指标的权重，指标权重可见第 3 章。各指标指数的计算式如式（4-17）~式（4-19）：

$$PSR_i = \sum_{x=1}^{n} d_{ix} \times W_{ix} \ (i=1, 2, \cdots, n) \tag{4-17}$$

$$RV_j = \sum_{y=1}^{m} d_{jy} \times W_{jy} \ (j=1, 2, \cdots, m) \tag{4-18}$$

$$PCE_k = \sum_{z=1}^{m} d_{kz} \times W_{kz} \ (k=1, 2, \cdots, l) \tag{4-19}$$

式（4-17）~式（4-19）中，d_{ix}、d_{jy}、d_{kz} 分别表示风险源危险性下第 i 个分指标的第 x 个分指标风险度、风险受体易损性下第 j 个分

指标的第 y 个分指标风险度、风险防控机制有效性下第 k 个分指标的第 z 个分指标风险度，W_{ix}、W_{jy}、W_{kz} 分别是其对应指标权重。

表 4-26　目标层、准则层、系统层指标风险等级临界点计算式

临界值		综合风险指数
	红—黄	$\min(ERR_i) + 81\%(\max(ERR_i) - \min(ERR_i))$
	黄—绿	$\min(ERR_i) + 70\%(\max(ERR_i) - \min(ERR_i))$
	绿—浅蓝	$\min(ERR_i) + 50\%(\max(ERR_i) - \min(ERR_i))$
	浅蓝—蓝	$\min(ERR_i) + 39\%(\max(ERR_i) - \min(ERR_i))$

根据式 (4-13)～式 (4-19) 计算出的各节点城市的目标层、准则层、系统层指标风险指数，按照表 4-26 中风险等级临界点计算式，计算出京津冀区域环境风险等级划分的临界点如表 4-27 所示。

表 4-27　目标层、系统层、准则层分指标风险等级划分临界点

分指标指数	临界值			
	蓝—浅蓝	浅蓝—绿	绿—黄	黄—红
工业污染源	1.208	1.076	0.834	0.23
恢复力	0.119	0.107	0.085	0.03
敏感性	0.14	0.127	0.102	0.04
过程控制	0.113	0.1	0.076	0.016
源头控制	0.221	0.201	0.164	0.072
风险源危险性	1.208	1.076	0.834	0.23
风险受体易损性	0.02	0.018	0.016	0.01
风险防控机制有效性	0.033	0.03	0.0245	0.011
环境风险	0.812	0.723	0.5612	0.15713

根据以上对各层级指标风险值计算结果以及表 4-25～表 4-27 中风险等级的划分，得到各节点城市所有指标的风险状态以及综合

环境风险状态，计算结果如表4－28～表4－31所示。

表4－28 京津冀各节点城市指标层分指数风险状态分布

指标	北京	天津	保定	石家庄	唐山	秦皇岛	邯郸	张家口	承德	廊坊	沧州	邢台	衡水
市区环境噪声等效声级	1	1.02	1.09	0.95	0.98	1.04	1.01	1	0.96	0.99	0.99	0.96	1
存在环境风险企业密度	1.56	3.19	0.56	1.39	0.83	0.43	0.74	0.14	0.07	1.39	1.11	0.69	0.9
工业废气排放量	0.49	1.97	0.65	1.58	2.54	0.66	1.48	0.77	0.73	0.46	0.4	0.92	0.35
机动车保有量	3.27	1.5	1.25	1.22	1.08	0.35	0.87	0.46	0.35	0.66	0.87	0.63	0.49
工业废水排放量	0.87	1.83	1.37	2.32	1.35	0.61	0.62	0.6	0.15	0.5	0.92	1.38	0.48
工业固废产生量	0.41	0.89	0.6	0.93	5.74	0.66	0.73	0.63	0.43	0.6	0.22	0.6	0.56
规模以上工业企业转入起数	0.35	0.91	1.7	2.44	1.93	0.58	0.83	0.25	0.25	0.56	1.58	0.96	0.67
人均GDP	2.09	2.12	0.51	1	0.54	0.8	0.66	0.6	0.76	1.04	0.86	0.48	1.54
城镇医疗卫生机构床位数/千人	1.2	1.05	0.76	1.03	1.12	1.23	0.87	1	1.09	0.94	0.87	0.95	0.88
人均绿地面积	2.9	1.45	0.38	0.83	0.94	2.63	0.59	0.58	0.94	0.78	0.2	0.46	0.34
高中以下学历人数/每十万人	0.6	0.79	1.14	0.83	1.01	0.96	1.09	1.11	1.11	1.02	1.13	1.15	1.06
人口密度	2.1	2.08	0.83	1.08	0.94	0.65	1.24	0.2	0.14	1.14	0.88	0.93	0.8
自然保护区覆盖率	2.46	2.27	0.9	1.34	0.34	1.23	0.55	0.28	2.36	0	0.61	0	0.65
老人、儿童比重	0.42	0.4	1.13	0.91	1.09	1.06	1.23	1.2	1.09	0.96	1.21	1.17	1.11
城市维护建设投入资金比例	2.68	0.65	2.1	1.74	0.43	0.54	1.91	0.66	0.42	0.51	0.47	0.54	0.33
地表水环境监测能力	4.37	3.5	0.29	0.42	0.52	1.04	0.52	0.11	0.2	0.46	0.42	0.31	0.84

续表

指标	北京	天津	保定	石家庄	唐山	秦皇岛	邯郸	张家口	承德	廊坊	沧州	邢台	衡水
空气环境监测能力	1.49	3.08	0.55	1.4	0.91	1.31	0.68	0.28	0.26	1.28	0.44	0.66	0.69
污水集中处理率	0.94	1.03	0.98	1.03	1.02	1.05	1.05	0.98	0.99	1	1.06	1	0.87
一般工业固废综合利用率	1.04	1.17	1.02	1.13	0.83	0.77	1.13	0.52	0.71	1.19	1.18	1.13	1.18
危险固废综合利用率	1.54	0.76	0.19	0.37	2.85	0.69	1.34	1.82	0	0.8	1.9	0.45	0.29

表4-29 京津冀各节点城市准则层分指数风险状态分布

指标	准则层风险值												
	北京	天津	保定	石家庄	唐山	秦皇岛	邯郸	张家口	承德	廊坊	沧州	邢台	衡水
工业污染源	0.690	1.153	0.640	1.050	1.438	0.380	0.575	0.330	0.230	0.470	0.540	0.580	0.390
恢复力	0.140	0.106	0.030	0.060	0.050	0.100	0.042	0.040	0.056	0.060	0.040	0.030	0.060
敏感性	0.164	0.159	0.090	0.100	0.071	0.090	0.092	0.040	0.103	0.070	0.080	0.060	0.080
过程控制	0.136	0.098	0.060	0.070	0.028	0.040	0.061	0.020	0.016	0.030	0.020	0.030	0.030
源头控制	0.175	0.134	0.090	0.110	0.256	0.120	0.170	0.180	0.072	0.140	0.210	0.110	0.100

表4-30 京津冀各节点城市系统层分指数风险状态分布

指标	系统层风险值												
	北京	天津	保定	石家庄	唐山	秦皇岛	邯郸	张家口	承德	廊坊	沧州	邢台	衡水
风险源危险性	0.690	1.153	0.640	1.050	1.438	0.380	0.575	0.330	0.230	0.470	0.540	0.580	0.390
风险受体易损性	0.020	0.022	0.010	0.010	0.010	0.010	0.011	0.010	0.013	0.010	0.010	0.010	0.010
风险防控机制有效性	0.030	0.024	0.020	0.020	0.038	0.020	0.027	0.030	0.011	0.020	0.030	0.020	0.020

表4-31 京津冀各节点城市环境风险状态分布

指标	北京	天津	保定	石家庄	唐山	秦皇岛	邯郸	张家口	承德	廊坊	沧州	邢台	衡水
环境风险	0.468	0.775	0.431	0.704	0.965	0.258	0.389	0.227	0.157	0.318	0.366	0.391	0.265

4.4 环境风险评价结果分析

4.4.1 京津冀区域环境风险总体分析

根据以上环境风险及其分指标风险指数计算结果可知，北京环境风险评价值为 0.468 分，天津环境风险评价值为 0.775 分，保定环境风险评价值为 0.431 分，石家庄环境风险评价值为 0.704 分，唐山环境风险评价值为 0.965 分，秦皇岛环境风险评价值为 0.258 分，邯郸环境风险评价值为 0.389 分，张家口环境风险评价值为 0.227 分，承德环境风险评价值为 0.157 分，廊坊环境风险评价值为 0.318 分，沧州环境风险评价值为 0.366 分，邢台环境风险评价值为 0.391 分，衡水环境风险评价值为 0.265 分，如表 4 - 31 所示。13 个城市环境风险评价值由大到小的排序为：唐山 > 天津 > 石家庄 > 北京 > 保定 > 邢台 > 邯郸 > 沧州 > 廊坊 > 衡水 > 秦皇岛 > 张家口 > 承德。

从宏观角度分析，京津冀 13 个节点城市环境风险得分评价值可以看出，河北省众多城市环境风险总体上低于京津两地，但是从得分情况来看，除作为首都生态屏障、城市供水水源地、风沙源重点治理区的秦皇岛、承德、张家口等城市外，其余河北省各市和京津两地面临的环境风险均处于严峻状态。总的来说，北京风险值整体相对最小，天津属于中等，河北两极分化。主要原因是：近年来，北京市产业结构转型升级，主要以第三产业服务业为主。而河北与天津的产业构成中，第二产业仍占据主导地位，津冀两地工业污染排放量相对较大；津冀两地除自身城镇化发展带来的环境和人口压力外，还需要承接非首都功能疏解，天津与河北都是承接首都产业转移的重要目的地，非首都功能其中包含的产业转移，特别是高耗能产业转移，高消耗型产业对环境破坏严重；非首都功能的疏解和城市自身的城镇化发展都会带来人口的聚集，虽然会带来暂时的经济增长，但是有研究表明经济水平和人口规模对碳排放的贡献几乎均为正。

4.4.2　城市环境风险类型分布

为便于数据分析，将所有指标风险值标准化，针对 3 种关键环境风险因素采用 SPSS 系统进行重点环境保护的 13 座城市进行环境风险聚类，形成三类不同风险类型城市，如表 4 - 32 所示，每一类型城市具有类似的主要环境风险影响因素。在相同的环境风险类型中对处于高和较高环境风险范围的城市进行环境风险重点管控，研究每一类型城市环境风险管控的问题，为相同类型城市提供相应可靠有效的环境风险防控意见。

表 4 - 32　不同类型环境风险城市分类

第一类	北京、天津
第二类	保定、邢台、邯郸、沧州、廊坊、石家庄、唐山、衡水
第三类	秦皇岛、承德、张家口

将每一类城市中环境风险管理重点城市的 3 个主要风险因素加

权得分用雷达图表示，如图4－2～图4－4所示。

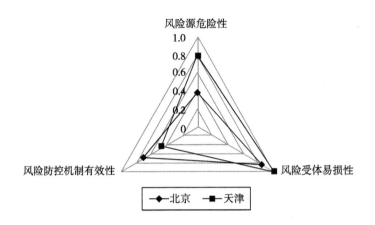

图4－2　第一类城市环境风险因素特征

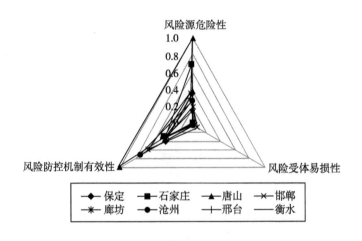

图4－3　第二类城市风险因素特征

第一类城市包括北京、天津两个中心城市，这一类城市3类风险值均较高，多为经济社会发展程度较高的中心城市，由于中心城市的"虹吸效应"，使得该区域聚集大量的资源，其未来环境风险的预防重点主要集中在人口密度的疏解、高耗能工业企业的淘汰和转移、自身产业结构的优化升级以及环境污染的治理，应尤其注意核心城市和周边城市环境联动管理机制的完善。特别是北京的环境形势非常严峻，应疏散非首都功能，产业结构优化升级，未来定位在国家政治文化中心和高新技术研发产业基地，大力发展服务产业；而天津基于现有风险源危险性以及地理优势小于北京，可为疏解首都城市功能的次中心。

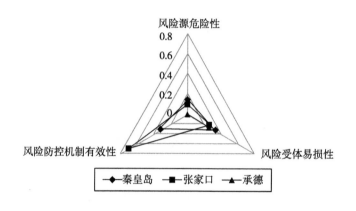

图 4 - 4　第三类城市风险因素特征

第二类城市包括保定、邢台、邯郸、沧州、廊坊、石家庄、唐山、衡水，这一类城市风险源危险性高、风险防控机制有效性差，但是风险受体易损性较小。这些城市环境风险主要受国民经济、水污染、大气污染和环境治理水平因素影响。唐山、石家庄市环境风险管控重心主要是产业结构优化升级、提高能源利用率；其他城市基于自身的自然资源优势，可作为京津冀主要重工业产品和能源产品的输出港，但是同时要加强完善环境管理防控机制，提高经济产值，提高居民居住环境质量，促进医疗卫生改革，增强风险抗性。

第三类城市包括秦皇岛、承德、张家口，这类城市风险防控有效性较差，风险受体易损性较高，风险源危险性较小。在地理位置上处于京津冀上风上水的方位，是京津冀城市群的生态屏障，水涵养地，同时作为沿海城市，也是国家级能源输出港和北方地区重要的出海口岸，所以其环境风险受体敏感性高，经济发展水平相对滞后，其资源开发水平和环境风险水平低，环境风险现状、防控机制和风险受体易损度风险程度相近，没有突出的环境风险因素。其环境管理重点应为促进社会经济发展，健全医疗卫生和环境保护产业体系在保证生态安全的同时要大力发展清洁能源基地，成为高新技术和高档居住扩散地之一。

通过对 13 个城市环境风险的评价及评价结果分析、不同风险类型的城市分类，将京津冀 13 个主要环境保护城市按照风险特征的差异分为以上三类，结合第 3.2.4 节对京津冀区域环境风险因素内部和相互之间的作用关系，认为只要城市群内部之间做好以下三点，基本可以从根本上对京津冀环境的危机现状进行控制。（1）降低京津冀城市群整体风险源危险性；（2）提高京津冀区域环境受体风险承载能力；（3）完善城市群整体风险防控机制功能。目前为解决京津冀城市群健康发展问题，国家层面提出了京津冀协同环保政策规划。下文将对 2015 年以来国家提出的京津冀协同环保相关政策实施效果进行宏观评价，目的是为了检验其对京津冀环境风险的管控效果。

4.5　本章小结

　　根据第 3 章识别出的京津冀环境风险评价指标，首先收集相关原始数据，运用层次分析法和熵权法相结合的主客观综合权重赋值法对环境风险评价指标权重进行了赋值；其次，运用风险指数法对风险进行了评价，根据京津冀城市群下属 13 个节点城市三类风险源特征，采用 SPSS 聚类分析，共分为 3 类城市，而不同类型城市的风险特征，也为京津冀协同环保政策有效性评价功能维度指标的完善提供了依据。

第 5 章　京津冀协同环保政策
有效性评价

在明确京津冀区域环境现有风险基础上，为验证京津冀区域协同环保政策的有效性，本章主要对京津冀协同环保政策进行评价。首先，界定了协同环保政策有效性评价的含义；其次，选择适合的评价方法，主要通过对比最终确定采用 QFD 方法构建 HoQ 评价模型；最后，通过调查问卷收集指标数据，对京津冀协同环保政策有效性做出评价，对现有京津冀生态环保协同相关政策是否在解决京津冀区域环境风险问题上能发挥有效的作用进行评估，为京津冀区域环境协同政策的进一步完善提供依据。

5.1　协同环保政策有效性评价的含义

关于京津冀协同环保政策是怎样作用于京津冀区域环境风险的，学者普遍认为实施京津冀协同环保政策的目的在于最大化地实现各项政策功能的发挥。京津冀协同环保政策的功能根据第 4 章京津冀区域环境风险的评价结果可以概括为以下几项：（1）降低京津冀城市群整体风险源危险性。通过京津冀城市群共同的协同组织机构的介入，可以统一污染物排放标准，合理优化配置区域间产业转移、升级。地方政府有时为追求 GDP，不惜牺牲环境为代价，也可能将污染转嫁给周边区域，存有"搭便车"的侥幸心理。政府出台政策有时能增进城市群环保效率。如一旦构建区域联防联控机制，统一排放标准，信息共享，完善法律法规来纠正"逆向选择""道德风险"以及规范"搭便车"现象等。（2）提高京津冀区域环境受体风险承载能力。任何事物的发生都是由内因和外因共同作用的结果。健康的人口环境、社会环境和医疗卫生环境有助于京津冀环境系统风险敏感性的降低，有助于环境系统异常的恢复。因此，提高京津冀区域环境风险承载能力是京津冀协同环保政策的一项重要功能。（3）完善城市群整体风险防控机制功能。要想实现京津冀城市群的环境保护协同发展，从多个方面进行考虑，如统一环保制度、完善跨区域执法机制、应急共享、环境监测机制共享、财政补偿等方面，形成完善的京津冀城市群协同环保机制对于政策的有效实施非常关键[157]。

　　为保证京津冀协同环保政策三项功能的实现，政策要有不同的侧重点，以达到京津冀城市群协同环保的目的。京津冀协同环保政策有效性评价也是对该政策实施效果的评估，验证各相关政策功能的实现。本书借鉴以往关于京津冀城市群环境治理协同发展政策相关研究成果，总结了京津冀协同环保政策特点，认为京津冀协同环保政策可以划分为 6 类：构建协同合作机构政策、统一的环保标准、完善政府协同法治体系政策、区域间利益协调机制完善政策、协同环保推广政策、财政支持政策。因此，根据以上 6 个方面的城市群协同环保政策，本书在研究京津冀协同环保政策有效性时将政策分为以上 6 个维度。各政策维度涵盖的政策内容如表 5 - 1 所示。

表5-1　城市群协同环保政策维度及政策内容

政策维度	政策内容
构建协同合作机制	加强区域政府间环保协同合作政策；通过构建城市群环境治理联防联控组织机构，明确各区域职责等
统一的环保标准	通过协作机构发布政策，对各区域城市的污染物排放和环境治理提出统一的标准
完善政府协同法治体系	为使合作机制更具刚性，要加强环境治理方面的立法，尤其是城市群协作的法律法规，以加强地方政府合作治理责任观
完善区域间利益协调机制	应对协同环境治理过程中的矛盾与冲突，需有专门的协同沟通渠道，使各方诉求尽量实现最大化，对核心利益达成共识
协同环保推广	协同环保政策能否顺利有效实施，关键在于政策的发布主体，层级越高，推广力度越大
提供财政支撑	通过税收优惠、财政补贴、政府资助等金融优惠政策引导区域间的环保协作等

5.2　评价方法的选取

在工程设计和产品属性分析时，一般采用质量功能展开方法（即 QFD，Quality Function Deployment），该方法是可以分析顾客的需要并转换成产品技术特性的一种工具，也是一种管理理念[162,168,169,171]。其基本原理是：采用矩阵的数学方法，数据化分析检测顾客需求和技术特性的关联度，获取满足客户需求的技术特征，为设计出能让客户获得最大满意度的产品和服务属性提供依据。对于落实政策机制，相应的研究政策的目标是采用有效的各类政策方法，从而达到政策实施最大的功能效果[144]。分析 QFD 的运行原理，可以用数据展示政策和功效之间的联系，从而也适用于研究政策评估。例如，Yu 等针对公共政策研究出一个改造后的 QFD 方式来满足客户要求[145]；Hong 和 Chung 运用 QFD 和 Kano 模型来提供满足顾客的服务并提出新的政策建议[146]。本书将 QFD 方法应用到京津冀协同环保政策有效性的评估，把京津冀协同环保政策功能作为顾客需求，把京津冀区域协同环保政策维度作为技术特性，数据化研究协同环保政策功能维度和政策维度的关联度，从而达到京津冀区域协同环保政策维度对京津冀区域协同环保政策功能维度的实施效果。

京津冀协同发展政策的有效性评估，是一个多边规则的区域性决策，应当由区域政府、企业和个人等与政策制定或政策受益者参与其中。京津冀协同环保政策实施的影响程度、政策效果和功能维度的关联性用数据描述比较困难，因此，本书引入"模糊数"这一概念。一般情况下，研究者往往采用精确的数据来说明客户需求的比重，以及客户需求与产品技术功能之间的相关度，但是往往忽略了人的主观情感信息。Wang 和 Xiong 认为将"模糊数"引入到 QFD 模型中，让评价结果更加合理、准确[147]。因此，本书充分借鉴这一观点，将"模糊数"引入到 QFD 方法中，从而构建京津冀协同环保政策有效性评估模型。但是，模糊－QFD 模型的内在模糊性将增加其指标权重的分析计算的难度，因此，本书将各评价主体的"权威度"这一概念引入到 Chen 等的基于模糊加权平均和模糊期望值算子构成的理论方法[150]；根据优化后的模糊－QFD 方法，结合问卷调查中的信息统计，研究京津冀协同政策有效性评价指标的权重，并结合各个评价主体角度对京津冀协同发展政策的维度落实进展进行评分，形成京津冀协同发展政策有效性评价数据，为制定切实有效的措施提供可靠依据。

5.3　评价模型设计

5.3.1　构建京津冀协同环保政策有效性评价的 HoQ

质量屋（House，HoQ of Quality）作为 QFD 的关键核心，是用来分析顾客需求与产品属性或服务要求的示图工具。本书为确保京津冀协同发展环保政策实施效果政策维度权重的相对作用，在明确政策维度的权重比值的同时，依据 QFD 理念，基于 HoQ 模型，通过类比，将政策功能比作顾客需求，将有效政策维度比作技术属性，构建出京津冀协同环保政策有效性研究的 HoQ 模型，如图 5 - 1 所示。HoQ 模型包含两个变量，即输入变量和输出变量。本书将京津冀协同环保政策功能的重要程度以及功能与政策维度的关联度作为 HoQ 模型的输入变量，将京津冀协同环保政策有效性评价值作为输出变量。同时，还可以获取京津冀协同环保政策维度实施效果的排序。

5.3.2　数据收集与处理

HoQ 模型中的输入变量一般情况下均为定性描述，很难用精准数据来测量，此时，便可引入"模糊数"来表示输入变量。本书引

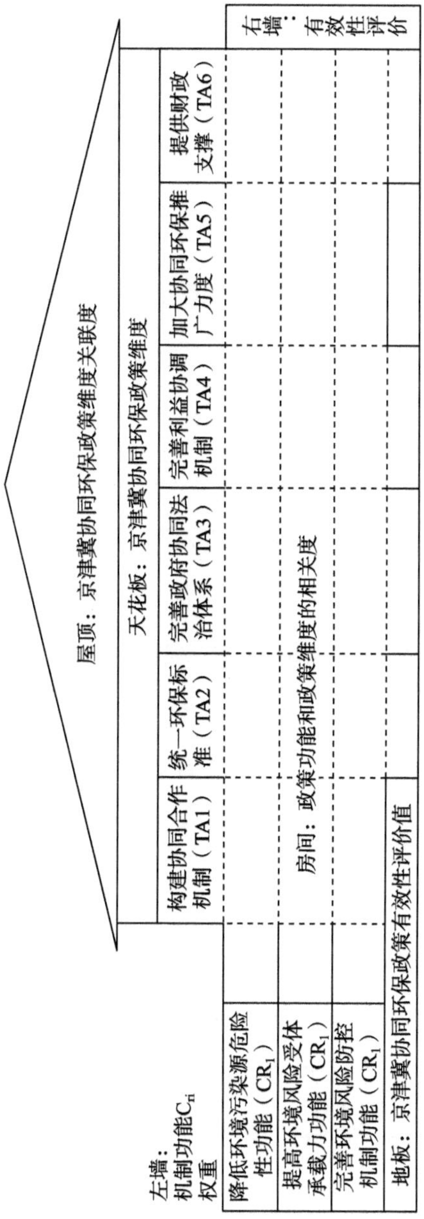

左墙:机制功能C_{ri}权重	构建协同合作机制（TA1）	统一环保标准（TA2）	完善政府协同法治体系（TA3）	完善利益协调机制（TA4）	加大协同环保推广力度（TA5）	提供财政支撑（TA6）	右墙:有效性评价
降低环境污染源危险性功能（CR_1）							
提高环境风险受体承载力功能（CR_1）							
完善环境风险防控机制功能（CR_1）							
地板: 京津冀协同环保政策有效性评价值							

屋顶: 京津冀协同环保政策维度关联度

天花板: 京津冀协同环保政策维度

房间: 政策功能和政策维度的相关度

图 5 - 1 京津冀协同环保政策有效性研究的 HoQ 模型

入的三角模糊数来表示政策功能重要度的评语级共分为 7 个：

$\{\tilde{w}_1^*,\ \tilde{w}_2^*,\ \tilde{w}_3^*,\ \tilde{w}_4^*,\ \tilde{w}_5^*,\ \tilde{w}_6^*,\ \tilde{w}_7^*\} =$

{非常不重要、不重要、稍微不重要、稍微重要、中度重要、重要、非常重要}，相对应的三角模糊权重集合：$\tilde{w}_1^* = (0,\ 0,\ 0.2)$，$\tilde{w}_2^* = (0,\ 0.2,\ 0.4)$，$\tilde{w}_3^* = (0.2,\ 0.35,\ 0.5)$，$\tilde{w}_4^* = (0.3,\ 0.5,\ 0.7)$，$\tilde{w}_5^* = (0.5,\ 0.65,\ 0.8)$，$\tilde{w}_6^* = (0.6,\ 0.8,\ 1)$，$\tilde{w}_7^* = (0.8,\ 1,\ 1)$。类似，政策功能和政策维度两者之间的关联性程度用 5 个级别语言标量表示，即无、弱、中度、强、很强，并提前确定一个对应的三角模糊权重集合：$\{\tilde{u}_1^*,\ \tilde{u}_2^*,\ \tilde{u}_3^*,\ \tilde{u}_4^*,\ \tilde{u}_5^*\}$，其中，

$\tilde{u}_1^* = (0,\ 0,\ 0.3)$，$\tilde{u}_2^* = (0,\ 0.25,\ 0.5)$，$\tilde{u}_3^* = (0.3,\ 0.5,\ 0.7)$，$\tilde{u}_4^* = (0.5,\ 0.75,\ 1)$，$\tilde{u}_5^* = (0.7,\ 1,\ 1)$。

本书中京津冀协同环保政策有效性考虑了各评价主体对京津冀协同环保政策有效性的判断依据和状况的熟悉程度，前文提到京津冀协同环保政策有效性研究是区域性多边决策，为保证更加贴近实际情况，应考虑各个评价主体对政策有效性的判断原则和了解深度，定义其为各个评价主体的全维度，计算方法如式（5 - 1）[151]：

$$C_k = (C_{ak} + C_{sk})/2 \qquad\qquad (5 - 1)$$

式（5 - 1）中：C_{ak} 和 C_{sk} 分别表示第 k 位评价主体对评估内容的判断依据和熟悉程度。根据实际研究现状，设计判断依据有理论分析、实践经验、国内外了解和直觉四项，分别赋值 0.3，0.3，0.3，0.1，选项累加值是 C_{ak}；熟悉程度分为：不熟悉、不太熟悉、一般、比较熟悉、熟悉、很熟悉 6 个不同级别，分别赋值 0，0.2，0.4，0.6，0.8，1，其选项值就是 C_{sk}。

通过问卷调查获取评价主体对 CR_i 的模糊偏好程度以及对 CR_i

与 TA_j 之间的模糊关联度[152-153]。采用式（5 - 2）计算各个评价主体的意见。

$$\tilde{w}_i = \sum_{k=1}^{n} C_k \tilde{w}_i^k \Big/ \sum_{k=1}^{n} C_k, \tilde{D}_{ij} = \sum_{k=1}^{n} C_k \tilde{D}_i^k \Big/ \sum_{k=1}^{n} C_k \qquad (5-2)$$

式（5 - 2）中：$\tilde{w}_i$ 表示政策功能 CR_i 的重要程度；$\tilde{D}_{ij}$ 表示 CR_i 与 TA_j 之间的模糊关联度；$\tilde{w}_i^k$ 表示第 k 个评价主体对 CR_i 的模糊倾向度；$\tilde{D}_i^k$ 表示第 k 个评价主体对 CR_i 与 TA_j 之间的模糊关联度；C_k 为评价主体权威度。$\tilde{w}_i^k$ 和 $\tilde{D}_i^k$ 均为预定义的三角模糊数，$i = 1, 2, 3$；$j = 1, 2, \cdots, 6$；n 表示所选择的评价主体总数。

5.3.3　计算 HoQ 政策维度的模糊重要度

本书采用了模糊加权均值法来计算政策维度的模糊重要度 $\tilde{Z}_j$，计算式如式（5 -3）：

$$\tilde{Z}_j = \sum_{i=1}^{3} \tilde{w}_i \tilde{D}_{ij} \Big/ \sum_{i=1}^{3} \tilde{w}_i \qquad (5-3)$$

此处获取的 $\tilde{Z}_j$ 属于三角模糊数，无法实现政策维度重要度的排序中，因此，本书充分借鉴了 Kao 等提出的 h - 截集模糊加权线性规划法对模糊数进行处理[148-150]。$\tilde{w}_i$ 和 $\tilde{D}_{ij}$ 的 h - 截集分别确定为 $(W_i)_h$ 和 $(D_{ij})_h$，计算式如式 5 -4。

$$\begin{pmatrix} (W_i)_h = \{ w_i \in W_i \mid \mu_{\tilde{w}i}(w_i) \geqslant h, 0 \leqslant h \leqslant 1 \} \\ (D_{ij})_h = \{ d_{ij} \in D_{ij} \mid \mu_{\tilde{D}ij}(d_{ij}) \geqslant h, 0 \leqslant h \leqslant 1 \} \end{pmatrix} \qquad (5-4)$$

定义 $\tilde{Z}_j$ 的 h - 截集的上、下限分别为 $(\tilde{Z}_j)_h^U$ 和 $(\tilde{Z}_j)_h^L$，其中，$\tilde{Z}_j = \sum_{i=1}^{3} \tilde{w}_i \tilde{D}_{ij} \Big/ \sum_{i=1}^{3} \tilde{w}_i$ 的最大值和最小值，分别按照式 5 - 5 和式 5 -6 计算获得。

$$(Z_j)_h^U = \max \sum_{i=1}^{3} w_i d_{ij} \Big/ \sum_{i=1}^{3} w_i \qquad (5-5)$$

$$(Z_j)_h^L = \min \sum_{i=1}^{3} w_i d_{ij} \Big/ \sum_{i=1}^{3} w_i \qquad (5-6)$$

其中，$w_i \in (W_i)_h$，$d_{ij} \in (D_{ij})_h$，并且在式（5-5）和式（5-6）中，分母非负且不包含 d_{ij} 项，即当 d_{ij} 分别取上限 $(D_{ij})_h^U$ 和下限 $(D_{ij})_h^L$ 时，分别对应了 $Z_j = \sum_{i=1}^{3} w_i d_{ij} \Big/ \sum_{i=1}^{3} w_i$ 在 h-截集水平下的最大和最小值。假设 $t = 1 \Big/ \sum_{i=1}^{3} w_i$，$v_i = tw_i$，因此，可将式（5-5）和式（5-6）的求解转化为两个线性规划模型，如式（5-7）和式（5-8）。

$$s.t. \begin{cases} (Z_j)_h^U = \max \sum_{i=1}^{3} v_i (D_{ij})_h^U \\ t(W_i)_h^L \leqslant v_i \leqslant t(W_i)_h^U \\ \sum_{i=1}^{3} v_i = 1 \\ t, v_i \geqslant 0; i = 1,2,3 \\ j = 1,2,\cdots,6 \end{cases} \qquad (5-7)$$

$$s.t. \begin{cases} (Z_j)_h^L = \min \sum_{i=1}^{3} v_i (D_{ij})_h^L \\ t(W_i)_h^L \leqslant v_i \leqslant t(W_i)_h^U \\ \sum_{i=1}^{3} v_i = 1 \\ t, v_i \geqslant 0; i = 1,2,3 \\ j = 1,2,\cdots,6 \end{cases} \qquad (5-8)$$

通过求解，理论上可得到 $\tilde{Z}_j$ 在 h-截集下的一个精确区间 $[(Z_j)_h^L, (Z_j)_h^U]$，但是在实际操作中往往两者的确切值在大部分情况下是不可获取的，因此主要通过试验 $(Z_j)_h^L$，$(Z_j)_h^U$ 在不同 h-截集条件下的取值来大概估算出右翼函数 $R(z_j)$ 和左翼函数 $L(z_j)$ 的趋势，当 $(Z_j)_h^L$，$(Z_j)_h^U$ 均关于 h 可逆时，即可得到 $R(z_j)$ 和 $L(z_j)$ 的实际形状，进而构建出每个 $\tilde{Z}_j$ 的明确隶属度函数 $\mu_{\tilde{Z}_j}(z_j)$，如式(5-9)所示。

$$\mu_{\tilde{Z}_j}(z_j) = \begin{cases} L(z_j)\,, & (Z_j)_{h=0}^L \leqslant z_j \leqslant (Z_j)_{h=1}^L \\ 1\,, & (Z_j)_{h=1}^L \leqslant z_j \leqslant (Z_j)_{h=1}^U \\ R(z_j)\,, & (Z_j)_{h=1}^U \leqslant z_j \leqslant (Z_j)_{h=0}^U \\ j=1\,,\ 2\,,\ \cdots 6 \end{cases} \tag{5-9}$$

5.3.4　计算 HoQ 政策维度的权重

为获取政策维度重要性的模糊期望值算子 $E(\tilde{Z}_j)$，此处运用了平均水平截集去模糊化法，计算式如式（5-10）所示。

$$E(\tilde{Z}_j) = \frac{1}{2S} \sum_{l=1}^{S} \left[(Z_j)_{h_l^U} + (Z_j)_{h_l^L} \right] \tag{5-10}$$

其中，$(Z_j)_{h_l^U}$ 和 $(Z_j)_{h_l^L}$ 分别代表 h_l 的乐观值和保守值，l 表示不同的截集水平，$0 = h_1 < \cdots h_l < \cdots h_S = 1$。

根据政策维度重要性的模糊期望值算子 $E(\tilde{Z}_j)$，$j = 1$，2，$\cdots 6$，来确定各政策维度的权重排序。由于计算量较大，以上计算过程均通过 MATLAB 来实现。

5.3.5　有效性评价

本书采用李克特 5 点量表法，对政策有效性进行打分。5 个级别由高到低分别为非常无效、无效、不一定、有效、非常有效，依次映射 1，2，3，4，5。量化标准体系的制定步骤如下。

（1）协同环保相关政策的收集、梳理、分级。

本书调查了 2014～2017 年国家、各部委及京津冀区域地方政府的环保政策，通过研究相关政策后，选取了与促进京津冀协同环保关联性较强的 26 项政策，进一步深入调查研究、资料归纳，形成了有全国人大、国务院、地方政府、环保相关部门等多级别颁布的环保政策。

（2）初建指标数据化标准体系。

在研究过程中发现，一般宏观政策对环境主体的约束力相对薄弱，若赋值过大可能导致不能真实反映政策效应。所以，政策措施赋予分值主要综合考虑其精准性和贯彻力度。例如，全国人大颁布的政策十分宏观，与实施性的指导政策比较，其赋予的分值相对较低，两者相互效果可以折射出各级机构相应政策的真实效果。政策执行力的评分基于行政机构权力划分和政策形式。经过与从事环保研究的工作人员探讨，并咨询多名相关专家的意见，在深入分析国家、京津冀区域各级环保政策后，明确了政策制定以及贯彻落实情况的赋值原则，保证对政策有效性评价的精准合理。

（3）标准体系的评估、确认。

初步建立指标数据化标准体系后，邀请环保部门管理人员、科研机构研究学者以及本课题组成员对指标数据化标准进行评估。通过多次探讨相应指标数据化标准，小组成员基本达成一致意见。然后，由每位成员独立地根据量化标准对上述指标进行测试量化，直至数据化后的完全一致率达到较高水平，最终形成指标数据化标准。经过多次深入细致的探讨、分析、修正，保障了最终结果的信度，研究成果更加科学严谨。最终的指标赋值标准需参考表 5－2。

表5-2　协同环保政策有效性指标量化标准

政策	分值	标准
构建协同合作机构	1	仅下发京津冀区域间协同环境保护的意见、通知
	2	对环境保护有明确的规定，但没有具体的实行措施
	3	出台具体的协同环保措施，但是利益相关方职责不够明确
	4	利益相关方有明确的职责划分
	5	职责明确，设立联防联控部门，有统一的环境治理排放标准
统一的环保政策	1	有统一标准，但内容不完整，没有对全部污染源控制标准进行明确
	2	标准统一，内容完整，但不能很好地联系实际、及时更新资源记录
	3	标准有很好的完整性和可操作性，但是没有统一的监测机制
	4	满足完整性、可操作性以及全面监测，但是没有统一防治措施
	5	环保政策有很好的完整性、可操作性，能够全面监测并预防
完善政府协同法治体系	1	仅涉及环境保护
	2	对环境保护有明确的规定，但没有具体的实行措施
	3	加大环境保护、治理的力度，并且制定出具体措施
	4	从立法方面明确保护环境的力度
	5	明确生态环境保护的社会经济发展的前提和基础，并且从立法、宣传、执法等方面进行全方位的有力指导
完善区域间利益协调机制	1	乡镇（街道）要明确承担环境保护责任的机构和人员，确保责有人负、事有人干
	2	现有市级环境监测机构调整为省级环保部门驻市环境监测机构，由省级环保部门直接管理
	3	市级环保局实行以省级环保厅（局）为主的双重管理。县级环保局调整为市级环保局的派出分局，由市级环保局直接管理
	4	省级环保部门对全省（自治区、直辖市）环境保护工作实施统一监督管理
	5	加强跨区域、跨流域环境管理，发展和完善生态环境监测网络
加大协同环保推广力度	1	各省市的意见、通知
	2	中央各部门的意见、办法、通知
	3	国务院颁布的暂行条例，各部委的条例、规定
	4	国务院颁布的条例、各部委的部令
	5	全国人民代表大会及其常务委员会颁布的法律法规

续表

政策	分值	标准
提供财政支撑	1	仅提及加大资金支持力度，未提出具体措施
	2	明确提出增加资金支持，且制定具体措施
	3	加大资金支持力度，并设立环保专项发展资金
	4	为促进生态环境联防联控设立环保专项资金
	5	专门设立京津冀区域环保联防联控基金

有效性分值计算如式（5-11）所示：

$$x_j = \sum_{k=1}^{n} C_k x_j^k \Big/ \sum_{k=1}^{n} C_k \qquad (5-11)$$

其中，x_j 表示第 j 项指标的有效性分值；x_j^k 表示第 k 个评价主体对第 j 项有效性指标的打分值，C_k 为评价主体权威度。

最后根据每项指标的有效性分值，计算出京津冀协同环保政策有效性的评价值 x，如式（5-12）所示。明显 x 值越大（满分 5分），政策有效性越好。

$$x = \sum_{j=1}^{6} x_j w_j \Big/ \sum_{j=1}^{6} w_j = \sum_{j=1}^{6} x_j E(\tilde{Z}_j) \Big/ \sum_{j=1}^{6} E(\tilde{Z}_j) \qquad (5-12)$$

5.4 京津冀协同环保政策有效性实证分析

京津冀生态环保协同发展作为《京津冀协同发展规划纲要》这一国家战略规划三大内容之一，具有非常大的现实研究意义。本书选取京津冀协同环保相关政策机制的制定和实施的有效性作为评价研究对象，以期为完善的京津冀协同环保机制的制定、实施以及优化提出建议，为京津冀区域环境系统健康发展做出贡献。

通过上一章对京津冀区域环境风险的评价及分析，就目前发展形式来看，找出京津冀城市群环境系统根本上存在的问题。而在京津冀区域发展与环境保护这一矛盾日益激化的背景下，才有了京津冀生态环保协同发展这一国家政策的提出。京津冀协同环保政策体系是一个复杂的系统，受多个关联因素的影响，包含一套制度、法律、推广等，只有相互作用、相互加强，共同发挥效能，才能使得防控绩效最大化。事实上，一种政策目标的实现必须依赖于相辅的政策工具，否则就会变成纸上谈兵[157-161]。

5.4.1　京津冀协同环保政策现状

近年来，国家及京津冀省市各级政府，为配合京津冀环保协同发展制定的相关政策主要有：2014 年，天津与北京签订《关于进一步加强环境保护合作的协议》等六项合作协议和备忘录，与河北签订《加强生态环境建设合作框架协议》；2015 年国务院印发的《京津冀协同发展生态环境保护规划》，形成京津冀环境执法联动工作机制；2015 年，天津市与沧州市、唐山市分别签订联防联控合作协议，即《京津冀大气污染防治强化措施（2016～2017 年）》；2015年，环境保护部向各省级人民政府印发《环境保护大检查工作方案》；2015 年环境保护部编制《京津冀区域环境污染防治条例》；2015 年 9 月中国银行建立了《建立绿色信贷评价机制》；2016 年，天津将《胶黏剂与建筑类涂料挥发性有机物含量限值标准》，作为强制性标准列入天津市地方标准制修订计划（第二批），构建了"京津冀及周边地区大气污染防治联防联控信息共享平台"以及

"京津冀三地环保标准合作机制",同年 4 月《环境保护部"十三五"定点扶贫方案》公布;京津冀区域协同环保政策在"构建协同合作机制""协同环保推广""统一的环保标准""提供财政支撑""完善区域间利益协调机制"以及"完善政府协同法治体系"6 个政策维度都有体现,如表 5 - 3 所示。

表 5 - 3   京津冀区域协同环保主要政策

政策维度	主要政策措施
构建协同合作机制	由国务院相关部门的成员、三地环保部门成员和部分行政人员、环境治理的学者和专业人员组成,对三地的环境问题通过各种机制给予解决
统一的环保标准	对各地区城市污染物排放和管控制定统一标准政策限制相关企业的排放量,并且对实施情况进行监督,实行有效的奖惩措施
完善政府协同法治体系	京津冀三地政府需对各地以往的环境治理法律进行整合和检验,对不符合区域环境治理最新理论的条款予以废除和修改;同时执法方式也发生了转变,由单一的强制性行政手段向多元化弹性行政手段转化
完善区域间利益协调机制	建立以利益协调为核心的政府合作协同机构,一方面反对行政垄断;另一方面对三地政府做出权责规定;同时,对政府合作过程中遇到的纠纷和困难及时解决
协同环保推广	2015 年中央政治局审议通过《京津冀协同发展规划纲要》,截至目前,京津冀各地方政府以及区域之间均出台相应的配套政策规划以及合作协议等
提供财政支撑	三地政府在共同承认的基础上设计一套完整的关于生态补偿的原则、标准、计算方法等详细制度,并且保障资金的准确和到位;如政府间的横向资金补助制度,科学、合理的成本分摊制等

虽然京津冀协同环保相关政策在 6 个政策维度上都有所涉及,但是这些政策的有效性还有待验证。因此,下文将构建京津冀协同环保政策有效性评价模型对其有效性进行评价分析。

5.4.2　京津冀协同环保政策有效性评价

QFD 模型评价过程中，通常邀请 3 ~ 10 位评价主体；也有人认为 5 ~ 7 人已经足以满足评价结果的有效性。但前提是必须保证评价主体对京津冀协同环保发展态势及相应环保政策较为熟悉。因此本书选取 8 位对京津冀协同环保发展态势研究颇深的专家，他们分别来自于政府相关部门、环保部门、环保科研院所、环保企业等。通过对这 8 位专家进行访谈。根据问卷获得的数据，由式（5 -1）和式（5 -2），分别计算专家权威度 C_k、协同环保政策功能的权重 $\tilde{w}_i$、功能和政策维度的模糊关联度 $\tilde{D}_{ij}$。其中 C_k 的值分别为：$C_1 = 0.55$，$C_2 = 0.55$，$C_3 = 0.5$，$C_4 = 0.55$，$C_5 = 0.55$，$C_6 = 0.65$，$C_7 = 0.45$，$C_8 = 0.55$；$\tilde{w}_1 = （0.676，0.876，1）$，$\tilde{w}_2 = （0.326，0.5，0.68）$，$\tilde{w}_3 = （0.412，0.575，0.738）$，$\tilde{D}_{ij}$ 的值如表 5 -4 所示。

表 5 -4　政策功能与政策维度模糊相关度

指标	CR_1	CR_2	CR_3
TA_1	（0.392, 0.615, 0.838）	（0.592, 0.865, 1）	（0.7, 1, 1）
TA_2	（0.7, 1, 1）	（0.271, 0.521, 0.771）	（0.608, 0.885, 1）
TA_3	（0.608, 0.885, 1）	（0.592, 0.865, 1）	（0.7, 1, 1）
TA_4	（0.517, 0.771, 0.863）	（0.483, 0.729, 0.838）	（0.608, 0.885, 1）
TA_5	（0.408, 0.635, 0.863）	（0.408, 0.635, 0.863）	（0.517, 0.771, 0.863）
TA_6	（0.7, 1, 1）	（0.7, 1, 1）	（0.7, 1, 1）

根据式（5 -3）计算出京津冀协同环保政策维度的模糊重要度：

$\tilde{Z}_1 = （0.5279，0.795，0.933）$，$\tilde{Z}_2 = （0.5743，0.846，0.9356）$，

$\tilde{Z}_3 = （0.6311，0.9166，1）$，$\tilde{Z}_4 = （0.5357，0.7963，0.8978）$，

$\tilde{Z}_5 = (0.4396, 0.6776, 0.863)$，$\tilde{Z}_6 = (0.7, 1, 1)$

再根据式（5-4）~式（5-9）计算在不同 h 截集水平下京津冀协同环保政策维度的模糊重要度，如表5-5所示。

表5-5　不同 h 截集水平下政策维度的模糊重要度

评价指标	h	h 水平										
		0	0.1	0.2	0.3	0.4	0.5	0.6	0.7	0.8	0.9	1.0
TA_1	L	0.39	0.42	0.44	0.47	0.49	0.52	0.55	0.57	0.60	0.62	0.65
	U	0.81	0.79	0.78	0.76	0.77	0.73	0.71	0.70	0.68	0.66	0.65
TA_2	L	0.33	0.35	0.38	0.40	0.43	0.45	0.48	0.50	0.53	0.55	0.58
	U	0.79	0.77	0.75	0.73	0.71	0.69	0.66	0.64	0.62	0.60	0.58
TA_3	L	0.36	0.38	0.44	0.41	0.43	0.45	0.47	0.50	0.52	0.54	0.56
	U	0.85	0.83	0.80	0.77	0.75	0.72	0.69	0.67	0.64	0.61	0.59
TA_4	L	0.23	0.25	0.27	0.29	0.32	0.34	0.36	0.38	0.41	0.43	0.45
	U	0.70	0.67	0.65	0.62	0.60	0.57	0.55	0.53	0.50	0.48	0.45
TA_5	L	0.38	0.41	0.43	0.46	0.50	0.51	0.54	0.57	0.58	0.63	0.63
	U	0.85	0.77	0.75	0.73	0.71	0.69	0.66	0.64	0.62	0.60	0.63
TA_6	L	0.41	0.44	0.46	0.49	0.51	0.54	0.56	0.59	0.61	0.64	0.66
	U	0.86	0.84	0.82	0.80	0.78	0.76	0.74	0.72	0.70	0.68	0.66

5.4.3　京津冀协同环保政策有效性评价结果分析

根据表5-6评价结果显示：

（1）从协同环保政策整体有效性上来讲，京津冀城市群协同环保政策有效性评价结果为3.1052（满分为5分），整体有效性达到满分的61%。如果按照理论生命周期演变特征，将其划分为5个阶段：萌芽、形成、发展、成熟、转型，京津冀城市群协同环保政策仍处于初步形成并发展、有待完善成熟阶段。因此，还应该采取措施降低京津冀风险管控重点区域的风险源危险性、保护风险受体以提高其风险承受能力、完善并加强各地方及城市群整体对环境风险的防控能力。

（2）从京津冀协同环保各类政策维度权重计算结果可以看到，基本可以划分为两个层级：$w > 0.7$ 和 $w < 0.7$，并且所有政策维度权重均超过了 0.6。其中"构建协同合作机制""统一的环保标准""完善区域间利益协调机制"以及"提供财政支撑"属于前者，这说明这四类政策在京津冀协同环保过程中对京津冀协同环保政策功能发挥很重要的作用；"完善政府协同法治体系"以及"协同环保推广"权重略小于前四类，但是两层级之间权重差距非常小，因此也不容忽视。

（3）从京津冀协同环保各类政策维度实施效果的评价结果得出，各类政策的实施效果大致可分为 3 个层次：$x > 3.5$，$3 < x < 3.5$，$x < 3$，"构建协同合作机制"和"协同环保推广"属于第一层次，说明这两类政策对提高京津冀协同环保政策实施效果有很好的促进作用；"统一的环保标准"和"提供财政支撑"属于第二层次，说明这两类政策对促进京津冀协同环保政策实施效果作用一般；"完善区域间利益协调机制"和"完善政府协同法治体系"属于第三层次，说明这两类政策对促进京津冀协同环保政策实施效果作用较差。

（4）综合分析京津冀协同环保政策重要度和实施效果评价结果，可以看到"构建协同合作机制""提供财政支撑"评价值均比较高，说明有效性好；"统一的环保标准""完善区域间利益协调机制""完善政府协同法治体系"权重较高，但实施效果不理想，表明这两类政策对京津冀协同环保政策有效性本应发挥的作用没有达到预期，有效性较弱，原因可能有两方面：一方面可能是相关政策还有待完善，另一方面政策在实施过程中没有发挥最大效果。最后一类政策，"协同环保推广"虽然权重较其他政策较小，但是发挥效果很好，说明国家及各地方政府对京津冀协同环保政策有足够的重视，可以认为"协同环保推广"政策有较好的有效性。

表 5 - 6　京津冀协同政策有效性评价值

政策维度	政策维度权重	归一化权重	政策维度实施效果 x_j
构建协同合作机制	0.7152	0.1733	3.6628
统一的环保标准	0.7322	0.1778	3.3214
完善政府协同法治体系	0.6320	0.1535	2.3376
完善区域间利益协调机制	0.7171	0.1742	2.6702
协同环保推广	0.6329	0.1537	3.7332
提供财政支撑	0.7883	0.1914	3.3883
有效性评价值 x	3.1052		

下文将对降低京津冀区域环境风险提出合理的措施建议，并设计出更为全面合理的城市群环境风险防控与管理制度框架以及环境风险管控的流程，由此构建京津冀城市群协同风险管控平台作为京津冀协同环保政策顺利实施的载体。

5.5　本章小结

本章采用了质量功能展开法（Quality Function Deployment,

QFD）对京津冀城市群协同环保政策有效性进行了评价，主要对 2014～2017 年京津冀城市群协同环保相关政策进行了全面梳理，根据政策措施侧重点不同，将其划分为 6 个类型的政策："构建协同合作机制""协同环保推广""统一的环保标准""提供财政支撑""完善区域间利益协调机制"以及"完善政府协同法治体系"，并结合第 4 章京津冀区域环境风险评价结果分析得出的结论，分别作为政策维度和功能维度来构建京津冀协同环保政策有效性 HoQ（质量屋）评价模型。通过构建的模型计算得出了各政策维度指标的权重、实施效果值以及整体有效性评价值。评价结果为提出京津冀协同环境风险管控措施和建立管理体系提供了依据。

第6章 京津冀环境风险协同管控措施及管控平台框架设计

为了改善京津冀协同环保政策实施效果，本章首先针对第5章京津冀协同环保政策有效性评价结果分析得出的结论，提出合理的改善措施；为更好地实现京津冀区域环境风险防控，本章设计了一套完整而有针对性的京津冀城市群环境风险管控平台框架，包括管理制度框架、管控流程以及预警机制，为京津冀区域环境健康可持续发展提出可行性改进意见。

6.1 京津冀环境风险管控措施

6.1.1 合理调整产业结构，改善京津冀区域环境压力状况

（1）以京津冀协同发展纲要为指导，稳步落实产业领域的合作。京津冀协同发展规划纲要，是国家对于京津冀区域发展的规划

蓝图，从指导思想进行布局，在实施过程中坚持基本原则，明确提出了发展目标，布置各项重大任务，制定了详细的战略措施。三地政府应高度重视、积极响应，按照区域使用功能规划部署，找准定位，有效承接，实现提升区域共同发展的目的。

（2）打破城市群间行政划分，建立区域产业整体架构。根据伦敦城市圈、东京都市圈等特大城市圈的典型案例启示，政府在区域规划的战略部署中居关键重要角色。因此，打破城市群间行政划分，全面优化产业结构是京津冀未来发展的重心。要打破区域行政划分，在思想上要抛弃地方保护主义，按照产业协同发展的方向，建立整体区域产业结构的概念，充分发挥三地政府间的共同对话，互相合作。同时，三地间应本着同一标准规则，建立公平竞争的机制，使企业积极参与到区域大市场活动中，全面调动企业主体的积极性。另外，政府在产业协同发展的布局中主要是指导而非主导作用，按照区域内城市的使用功能正确定位，有计划地合理进行产业结构调整，保证产业格局的发展与城市使用功能相适应。

（3）顶层科学设计，优化产业结构是京津冀产业一体化的重要保障。根据各城市指标分析，北京市应以发展高新科技产业和现代服务业为主导；天津市应重点发展信息技术、医疗业、化工业和制造业等工业要素，建设优质高效的现代化制造产业；河北省应充分发挥资源优势，为京津两地提供有力支撑，形成特色产业。同时，京津冀产业结构调整，应建立相互联系的空间配套，互相承接，形成完整的产业链网络，并进一步进行结构优化。例如，京津两地的信息技术和医疗产业，具有很大优势，其相关的产业配套应合理对接到周边地区，有利于调配资源，而相关产业的上游，如设备零件等产业，可进一步辐射到周边河北区域。又如，现代服务行业的部署，应充分发挥区域辐射作用。北京现代服务行业发展成熟，在商业金融、互联网服务、高新技术等领域较为先进，可以调配优质产业的人力资源和高新技术等，为周边亟须地区进行配套服务。天津的港口建设较早，配套设施体系完备，同时根据其地理位置优势，可以充分发挥其港口流通作用，为周边区域的服务业提供物流服务支撑。综上所述，京津冀协同发展应建立科学的顶层设计，合理调配优势资源，全面建设产业链条，消除两地产业断层，形成互相协作的产业格局。

（4）全面带动区域内生产要素的流通。与国内长三角、珠三角区域发展比较，京津冀区域在高校教育、人力资源和技术交流等生产要素流通性相对滞后。例如，北京因其发展优势具备众多的人力与资金，而要素流通的成本需求过大，抑制了对河北的资源辐射，导致两地经济发展不均衡。所以，应根据区域内资源分配短板制定针对性的税收，公共服务等均衡化制度，带动资本、人力和高校教育等跨区域流动，为京津冀产业一体化发展注入新鲜活力。

另外，值得说明的是京津冀产业转移中河北省的相应对策。在京津冀区域协同发展产业结构调整中，北京市的非首都功能疏解，天津市的十大高端制造产业，河北省并非能够全部承接京津两地流出的优质产业。河北省应根据自身特色，从三个方面进行精准定位，建立与自身相适应的产业结构。①差异性定位，由于河北省的产业水平在区域内相对滞后，部分产业自主发展较为薄弱，在承接流出的优质企业时，应尽量选择能够与京津两地的互补支撑的产业，做好未来发展战略布局，利用区域资源培养自身产业；②优势性定位，在与其他区域的产业结构发展对比时，河北要坚定发展自身优势产业，根据已有的优势资源，继续深化建设重点产业；③战略性定位，在区域内战略规划大格局下，根据自身产业发展进行未来定位，特别是未来新兴产业的提前布局，争取在京津两地产业调整转移过程中，发展新的增长要素。

6.1.2 合理优化资源配置，提高区域环境承载能力

（1）增强区域交通资源的合理调配。

按照各区域的资源需求，充分挖掘城市群的地理优势，建设立体开放式的空间联系，全面覆盖资源集聚与运输流通，在交通建设一体化的基础上，构建协同发展模式，遵循区域的发展规律和逻辑层次，特别是以未来的经济的发展需求，区域内部的竞争与合作为核心，增强区域交通资源的合理调配，创建网络智能开放共享的区域一体化服务新格局。

按照空间格局使用功能进行精准定位，加强三地互相协作，特别是推进交通一体化建设，带动运输服务整体发展，从海洋、航空、轨道交通等多方面共同构建立体空间脉络，对于断崖式的基础设施及时互联，如京张铁路建设，京滨、京唐等城际轨道的开工，机场联络线，区域环线高速公路，全面打造京津冀1小时交通圈，逐步推进区域内的交通互联。同时加强区域内核心功能互通，建立综合管理机制，进一步深化港口、航空区域的合作，通过整合天津与河北的港口资源，实现资源共享最优化，以信息技术为基础，将公路运输、物流产业园、国际运输等搭建大型商贸交易平台，融合生产、物流、市场信息等资源，构建专业化大容量通道，促进对内和对外市场整体的运营业务。根据市场目标，细化交通枢纽的集聚疏散建设，通过智慧管理模式，建设现代化的运输服务，根据国家"一带

一路"倡议，充分发挥中心纽带，使各方位发展相融合，达到资源优势累加、空间发展叠加。

交通建设一体化是区域协同发展的基础条件，优化区域交通体系是对交通基础设施的空间塑造。依据交通发展饱和与非饱和的现状，加快贯通交通脉络，从而建立高效率、低成本、方便快捷的综合城市群交通走廊，特别是对当下交通基础设施的完善，根据协同发展新理念，结合产业结构的调整，促进区域内资源的融合流通，为促进区域内持续性的发展注入动力。

（2）京津冀区域间环境资源优化配置。

充分考虑经济发展水平和环境资源承载量两大因素，科学分析双方的制约对立与内在联系，综合经济发展的规模，产业结构的布局，城镇化发展阶段，建设和谐宜居的生态环境。在大数据的支持下，从系统发展的角度，要求管理更加精细，更加人性，如在大气污染防治管理与防护林建设，水资源保护与水环境治理，清洁能源的推广等全方位的生态领域深化合作，在联防联控的政策指引下，环境容量增加、生态空间管理、资源优化配置等对区域协同发展具有关键作用，而资源环境优化配置的程度决定了区域发展的承载程度。

目前，京津冀三地的能源消耗总量较大，环境污染问题明显，根据区域内资源的自然条件，对生态保护、环境评价和资源利用等基础要素进行顶层设计，并把资源环境的成本纳入区域规划编制审批的重要组成部分。完善地方资源环境规定制度，特别是加强国土资源保护，减少能源总体消耗，资源开发补偿生态环境治理等政策，建立健全生态环境保护绩效考核制度、环境保护终身责任制度，严格按照区域生态保护规划，明确联防联控标准，联动推进生态保护措施落实到位。例如，京津冀低碳排放可持续发展战略，建设绿色节能减排的区域格局，调整产业结构，生产生活的能源利用方式，确立节能减排机构制度，设立专用基金，从多元化多层次补偿生态。根据区域内环境承载力严格监测预测，以生态环境保护为主体，利用科学管理方法，分析导致京津冀区域内的大气污染的产业结构，扩散规律和影响范围，季节性的变化，从而制定针对性的有效防治措施，精准发力，在持续性的环境治理过程中不断深化内容，以层次分析问题导向，分级多步骤地实施能源清洁化，逐渐构建在满足资源环境承载量条件下的京津冀区域经济发展新体系。在城市群中形成互补共享的产业模式，在京津冀区域协同发展的全过程中运用管理理论，科学有效精细地进行生态环境建设。

京津冀经济发展的协同，也是生态环境发展协同，是绿色经济可持续发展的协同，在区域统一规划基础上，做好自然资源资产统计，坚守生态红线，同时在交通建设一体化和产业结构调整转型升级过程中，要考虑生态环境关键因素，建立从源头到全过程的生态环境管理制度，逐渐修复改善保护环境，形成良好的区域生态大格局。

6.1.3　完善京津冀区域环境风险防控机制

（1）加快补充以"全方位参与"为目标的落实措施。

京津冀生态环境保护协同工作相对分散，亟须进一步深化完善京津冀各城市对于区域整体的联防联控的制度建设，保证顶层设计全面落地，形成全民参与保护可实施性的措施，避免共同行动时的错位失调。首先，对规划方案进行逐级分解，根据 5W1H 原则系统制定实施措施，细化到整体要求和分项措施，积极调动社会资源包括企业和公众全面参与，在政府和社会的主动支持下，积极实施规划要求和行动方案。其次，建立有效的由上而下的推进程序，从当前的规划要求和行动方案着手，从联防联控着手，制定生态保护规划和方案的相关配套保障制度，深化京津冀三地的协同制度，形成由上而下的推进程序，保证规划在区域内全面可持续实施。

（2）建立和完善生态环境协同保护运行及管理平台。

1）设置京津冀区域生态环境保护工作部门。参考国外欧盟与美国的区域生态环境保护经验，国内长三角、珠三角和近年来京津冀联防联控的工作实践，由京津冀三地共同设置一个区域内的生态环境保护工作的专项部门，并授权关于生态环境保护的行政监管职能，由该部门制定区域内统一的政策措施，并进行协同管理工作。各城市的问题可直接反馈至该部门，统一处理。其组织结构形式，可参考美国的田纳西河流域成功案例，由美国联邦政府授权该区域生态管理局，负责整个流域生态的保护，独立行使其权力职能。在京津冀三地不均衡的发展等因素，涉及相关管辖范围，应组织专门的区域生态保护职能部门。

2）构建区域生态环境保护管理平台。目前，京津冀区域内的生态环境整体性的环境监督存在薄弱环节，如应急监测能力弱，信息标准体系不完善，监测执法日常联动性不足等。区域内生态环境保护的系统性建设，其协同作用至关重要，应逐步加强区域内的大气监控体系，构建水资源和土地资源的生态监测体系，实施统一的区域标准，建立区域整体监测平台；在监督管理工作一体化的基础上，积极建设执法行动的标准化、联动性、交叉性等机制，强化执法力度；在应急响应上，构建影响生态环境关键因素的环境风险评价指标体系，完善应急处置措施，在京津冀区域应急监测工作上实现统一，加强所有污染源的实时动态监管，建立生态资源管理信息系统，建设生态环境监测网络门户，区域内生态环境信息实现管理共享，并统一向社会发布。

3）细化区域内生态环境保护工作保障制度。首先，形成社会公众全面监督管理机制，加强信息的公布，完善社会公众参与管理的途径，对区域内的环保规划和工作方案及时向社会公布，让公众全面认识规划要求和实施方案，同时通过社会监督反馈，促进生态环境保护措施的落地，使顶层设计方案与基层实施互动，由下至上地全面管理。

其次，制定区域生态环境协同保护工作的保障机制。例如，生态保护建设投资资金，涉及相关的绿色环保补贴等问题，进一步细化三地协同的生态保护，使工作可持续实施，提质增效。

最后，制定京津冀区域生态环境保护绩效考核制度，构建 GDP 生态环境指标体系，将各项工作任务细化到绩效考评制度里，促进区域内生态环境工作的主动性。

4）建立健全区域统一的生态环境保护标准。在京津冀一体化生态保护条例实施下，京津冀大气污染防治及行动计划，水污染、土壤污染防治行动计划，生态保护补偿等陆续出台，在统一的法律标准下，需要进一步细化区域内关于大气环境保护，水资源保护，土地资源保护，生态治理工作等相关办法，做好法律的上下效率承接，系统地考虑区域整体，科学分析京津冀三地的生态环境承载力，确定区域生态保护目标，统筹规划大气、水、土壤等相关要素的环境保护一体化的总格局，明确工作中的重难点，特别是制定区域内统一的大气污染治理，水污染治理及补偿标准。

（3）建立生态环境补偿长效机制。

1）建立可持续的生态治理补偿机制。首先，建立京津冀区域内生态补偿标准制度，保证工作的可持续性实施，在区域内以互相合作、资源共享为原则，健全区域生态环保工作公平公正制度，制定可实施的生态保护补偿标准制度，综合考虑生态环境保护工作的实际成本，为推进生态环境保护工作的持续性实施提供可靠保障。另外，构建京津冀三地生态环境保护补偿工作平台，根据对生态环境保护的价值评价，按照以上补偿标准制度，建立补偿工作运行机制，全面落实执行补偿工作。

其次，对京津冀三地生态环境保护进行多元化的补偿。在人力资源和技术补偿方面，加强对受偿区域的人力资源建立，逐渐提升受偿区的生产水平，减小生态环境保护工作压力，避免因经济因素导致生态环境的二次破坏风险，支持推进产业调整，以产业带动受偿区的经济短板，全面提高生态环境保护工作效果。

2）建立健全京津冀区域内生态环境保护工作的市场化工作机制，做好生态资源市场化的准备条件，为稳步推进协同保护和公平发展创造坚实基础，根据区域内生态资源产业化的形势，建立完善大气、水资源市场化管理机制。

首先，建立发展区域内生态产业的市场工作机制。对京津冀三地的生态产业价值进行评估核实，加强对生态产业进行多级次的市场交易，建立生态产业市场化工作机制，特别是对排污权的市场化实施，可以使区域生态环境得到全面改观。

其次，继续深化京津冀三地排污权的市场化。建立健全市场排污权交易中心和管理系统，通过排污权的市场交易平台，从整体实施权利交易，从市场直接补偿生态环境保护工作，在市场调节下逐渐从低端开始治理污染。

最后，设立区域生态环境资源管理信息系统。在大数据和云服务的互联网技术支撑下，建设京津冀区域的智慧生态保护，通过建立数据模型，模拟政策实施下的区域的生态环境承载效果，提供可靠的管理科学方法，为政府决策提供合理化的建议。

（4）完善京津冀区域污染协同治理投入体系。

1）对京津冀区域生态环境保护设立专用资金，保证了协同保护运行机制的持续性运行。可以借鉴陕西、江苏等省份经验，利用年度财政预算的超收的部分金额，用于生态环境保护；还可以按照上年度国民生产总值或财政收入，划分一定的比例；或者选择一个基准年度，计算其财政支出生态环保的数值为基数，逐年按比例增加。例如，如果京津冀三地按照各自财政收入的5%划拨支出，形成约300亿态环保专用资金，支撑京津冀区域生态环境保护管理运行，可以用于重点解决区域间突发性应急处置，重点污染源头治理，建设区域间环境保护基础设施，自然资源生态保护措施，生态屏障防治补偿等各项工作。

2）制定相关政策鼓励引导企业和社会资源用于生态环境保护。除国家财政设置专用资金外，继续拓宽环保资金投入途径，制定相关生态环境保护优惠政策，鼓励企业和社会资金投入，进一步激发市场活力。同时，形成多元化、多层次的资金合作方式（如PPP模式），政府投入与社会资金相融合，为京津冀区域内结构优化和产业转型升级提供可靠的经济保障。

3）建立区域内生态保护管理的奖惩制度。参考欧盟的资金回流经验，在生态环保的专用资金使用时，制定明确的奖惩制度，对解决污染问题贡献较大的地区进行一定的奖励，对其支出的资金部分回流，相反则予以惩罚，甚至增加其年度环保部分支出金额。另外，现在资金使用一般是在项目前期进行事前审查，调整增加结合后期绩效考评的资金支出模式，特别是对治理污染的基础设施和技术研发，从全过程加强管控生态环保资金使用，达到污染治理的使用效果。对于当下建设的治理污染项目，采用专用资金与金融信贷相结合，设置部分专用资金用于设施建设的优惠补贴，加强鼓励企业等市场主体在生态保护建设的主动作为。同时，考虑由第三方进行治理方式，成立专门的生态环境保护建设公司，治理生态环境问题，各区域从政策引导、资金支持、技术投入、设施建设等多方面进行投入，生态保护建设公司对区域内污染问题进行专门治理，通过专业化的第三方管理，同时带动生态相关产业的生产和销售，既提升了地区的经济发展水平，又确保了环境治理效果。

6.2 环境风险防控与管理制度框架设计

为了保证生态环境风险管控机制的有效运行，针对其管控系统进行制度化体系建设。按照"四面一体"的指导思想，遵循相应的预测原则，主要从政府部门、企业及社会大众多方位主体进行定位，初步搭建国家生态风险环境预控管理系统的基本制度平台，分别包含政府部门的生态环境风险管控制度，企业运营中生态环境风险管控措施和应急处置管理制度，社会大众对风险信息和自我预防管理制度三个方面。如图 6 – 1 所示。

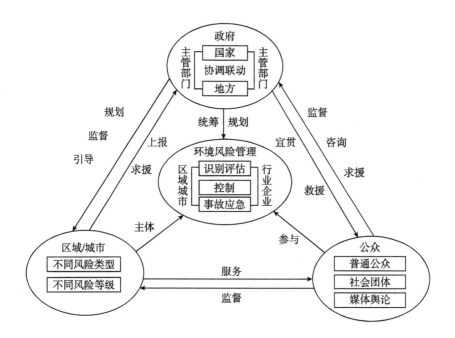

图6-1 京津冀区域环境风险防控与管理制度基本框架

（1）政府部门的生态环境风险管控制度。确定政府部门的职能，以监督管理、组织协调和指导实施为目的。主要内容有区域内城市群、产业环境的生态环境风险的评价、预估、预控管理制度，政府对突发生态环境风险的应急预案，风险管控的联防联动制度（特别是环保、安全质量监督管理、公共安全、消防等相关职能部门相互协同配合的制度），风险责任划分制度，信息向公众开放式共享制度，生态环境风险知识和应急措施的宣传贯彻制度等。

（2）企业运营的生态环境风险的管控措施和应急处置管理制度。明确企业运营管理过程中环境风险的主体责任。主要内容有企业所在产业园区的环境风险评价制度、风险隐患检查与上报制度，企业的环境风险应急预案，环境风险的专门应急队伍和应急物资管理制度，环境风险管理规范化的标准制度，环境风险信息及时公布制度等。

（3）社会大众对风险信息和自我预防管理制度。调动社会大众积极性，实现全民监督，全面参与，对应急预防知识进行宣贯。主要内容有环境风险问题检举制度，环境风险防控公众参与评审制度，环境风险公众应急自救制度等。

同时，根据京津冀三地在产业结构转型升级，以及区域城镇化发展引起的产业分流、空间污染管理、新化工材料等环境风险，应因地制宜，将其相应的环境风险辨识、评价和管控制度纳入区域生态环境风险管控制度之中。

6.3 环境风险管控流程设计

6.3.1 环境风险管理总体流程

构建与风险管理过程相配套的风险管理流程是京津冀区域环境风险管控的重点工作之一。根据京津冀区域环境风险特征，在进行环境风险管控流程的构建时，以下几方面应该充分考虑：

（1）环境风险管控流程主要是基于风险管理理论，以"风险识别—风险评估—风险分析—风险控制—风险监督管控—风险治理结果审核—结果评审与改进"为框架，指导各项环境风险管理业务。具体流程关系图如图6-2所示。

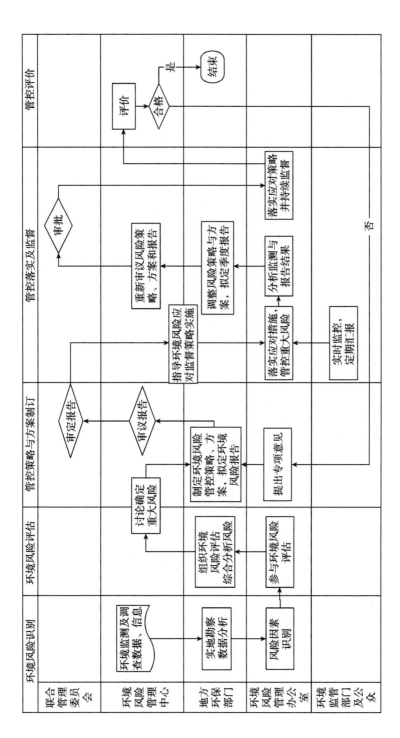

图 6-2　京津冀区域环境风险综合管理流程

（2）环境风险管理流程明确了政府、地方及公众所承担的角色和职责义务，从而形成多级管控的模式。其中，区域联合管理委员会是京津冀协同发展的决策机构，对区域环境风险管理的有效性负责，对京津冀区域环境风险管理中的重大风险源报告及方案进行审批；环境风险综合管理中心属于联合管理委员会的分支机构，其行为主要对联合管理委员会负责，主要进行京津冀区域环境风险管控报告和管控方案的审议；地方环保部门主要负责日常风险管理，风险区域实地勘察、组织风险评估工作以及制定风险管控策略和方案、拟定环境风险报告；环境风险管理办公室是地方环保部门专门成立的环境管理执行机构，负责日常运行计划的制订、组织和协调等工作；环境监管部门及公众参与主要对风险管理策略及方案的实施进行监督及定期汇报。

6.3.2 环境风险识别与评估流程

京津冀区域环境风险识别过程中，首先需要收集区域内环境系统现状资料、风险要素等信息，如环境污染物的排放量、产业结构、能源消费情况、环境风险防控机制，以及区域人口及自然资源现状等。资料主要获取途径包括：环境监测数据、现有环境风险管理相关文件、资料，区域走访调研、问卷调查、专家面见访谈。其次根据所收集的信息、数据，整理出区域内可能面临的环境风险事件，形成清单，依据第4章、第5章的指标风险评价模型，计算出风险指标因素的风险值，并形成风险评估报告，提交京津冀环境风险管理中心审议、区域联合管理委员会审批。如图6-3所示。

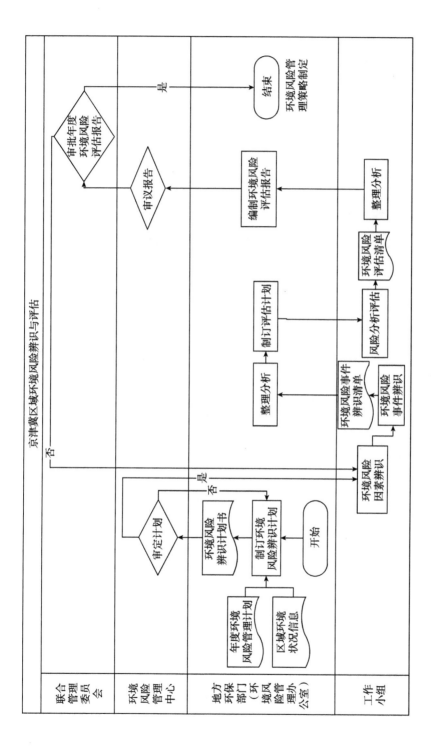

图6-3 京津冀区域环境风险因素辨识与评估流程

6.3.3　环境风险管控策略制定流程

环境风险管理是对不同风险等级的风险源进行稀释、隔离、消除、转移、持续监控等一系列的方法手段，风险管控策略讲求有针对性、及时性和有效性。依据区域年度环境风险管理工作计划以及环境风险辨识评估工作，编制环境风险管控应对策略制定工作计划安排，以报告的形式提交环境风险管理中心审议，通过后直接下发给环境风险管理办公室各工作小组，制定环境风险管控策略，并由环境风险办公室共同梳理出重大环境风险管控对策，形成报告提交环境风险管理中心审议，最终由区域联合管理委员会审批通过后执行。具体流程如图 6 - 4 所示。

6.3.4　环境风险管控监督流程

区域各地方环境风险责任部门依据环境风险管控年度计划、环境风险特征属性、环境风险辨识与评估记录以及环境风险管控策略实施环境风险管控，制定《京津冀区域环境管控监督考核细则》，由环境风险管理中心审议通过后下发执行，各环境风险责任主体须严格按照《考核细则》进行自查和自评，存在问题立即整改，同时将结果提交给地方环保部门环境风险管理办公室汇总形成报告，上报京津冀环境风险管理中心审议、京津冀联合管理委员会审批通过后，流程结束。详见图 6 - 5 所示。

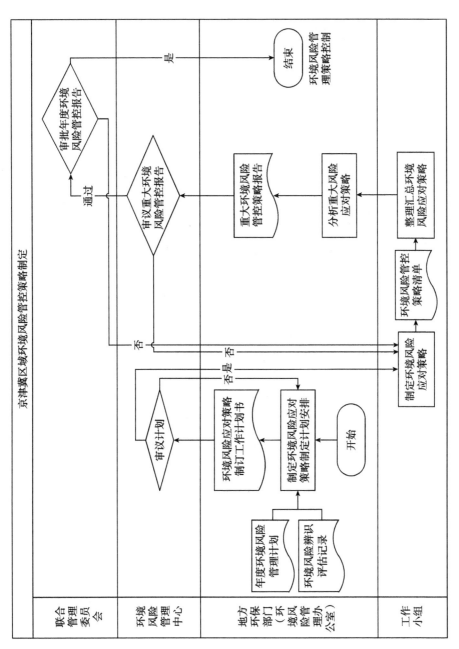

图 6-4　京津冀区域环境风险管控策略制定流程

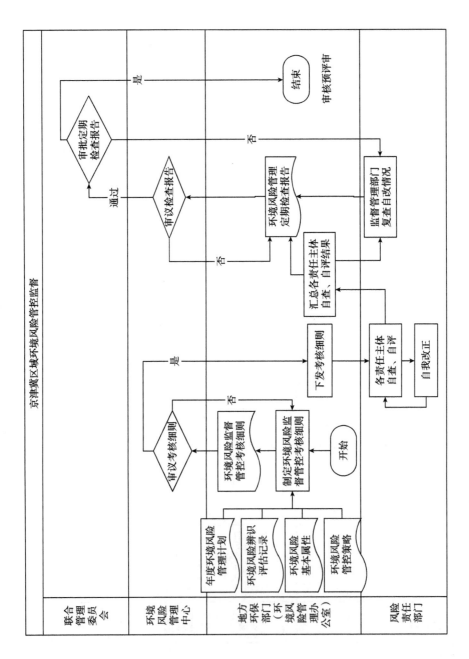

图 6-5 京津冀环境风险管控监督流程

6.4　京津冀环境风险预警机制构建

本书将详细说明环境风险预警机制、预警内容和预警工作流程，为有效实现环境风险预警功能提供保障，并希望能够构建一套科学有效的京津冀区域环境风险预警系统运行模式。

6.4.1　京津冀区域环境风险预警机制

京津冀区域环境风险预警机制包含了预测、报警、管控和免疫机制。主要是为了挖掘环境风险与环境系统之间的关系，不仅要对区域环境管理组织提供常规智能的完善策略，更希望管理组织构建风险预控以及管理的新机制。

（1）预测机制。是对区域内大的环境规划策略执行前或环境要素的变动进行的风险预测，以判断是否会对该区域环境产生危害，并评估其危害发生的可能性及可能性的大小。预测是治理和控制风险发生的前提，是保证环境安全的有效途径。

（2）报警机制。通过动态实时监测区域环境情况，精准辨识环境风险，经判断后自动发出警报的运行机制。即对高风险进行有效辨识并报警，针对环境风险及时采取有效的管控措施。

（3）管控机制。是对区域环境系统中出现的风险进行管控。当区域环境系统处于失控或不平衡现象时，通过风险的消除、削弱或规避以保证环境系统处于健康状态。

（4）免疫机制。当同一风险因子再次失控并对环境系统安全构成威胁时，预警系统能够快速识别并提出相应对策，能够避免环境安全事件再次发生。当环境风险预警系统使用较长时间后，其风险源数据库也会逐步完善，它的免疫机制就会发挥很好的作用，当"二次风险"发生时，系统中的"抗体"能立即发挥作用将风险扼杀在摇篮里。

6.4.2　京津冀区域环境风险预警流程

为保证预警系统的预期职能，京津冀区域环境风险预警系统将系统功能主要分为两部分：风险预警分析与风险预控管理措施，如图6-6所示。

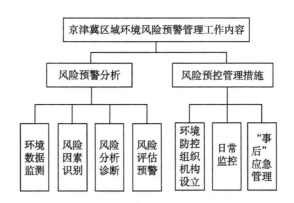

图6-6　京津冀区域环境风险预警工作内容

（1）风险预警分析。

1）环境数据监测。环境数据监测是风险预测职能的基础工作，是保证系统能有效运行的前提。数据监测又包括了监测过程和讯息处理过程，首先要对区域环境系统要素做全方位的监测，如污水排放、SO_2浓度、烟尘浓度等，准确而全面的环境系统要素数据监测是预警功能更加有效的前提。其次信息数据处理，是将监测获取的数据进行分析和存储的过程，检测到的数据分析整理后要完整地保存到系统的数据库。

2）风险因素识别。通过将检测到的数据进行分析整理后，关键的任务是对环境风险的因素进行识别。这需要对整理后的数据再加工和处理，从而筛选出主要的风险因素和风险源，同时初步判断环境系统中某个环节是否失控以及其可能导致的后果。

3）风险分析诊断。对上一步筛选出的风险因素和风险源进行综合分析，找到主要的风险因素，并对其进行深层次的挖掘，找到其根本原因。

4）风险评估预警。通过对环境系统要素数据的监测、识别、诊断后，环境风险的主要风险源已经确定，但是其发生的概率和可能导致的后果是未知的，必须进行评估预警，才能为提出更好的风险预控管理措施和有效实施打好基础。

（2）风险预控工作内容。

京津冀区域环境风险预警系统的主要目的是为了实现对区域环境安全事件的"事前"预防和管控，风险预控主要从以下几点入手：

1）设置环境管控组织机构。设置环境管控组织机构，从组织上保证了环境风险预测活动，同时也创建了较好的运转环境保证风险预测的有效实施，其相应的准备条件包含风险预测的制度建设，管理措施的编制和落实。

2）日常监管。根据预警结果分析影响区域环境系统健康的风险因素，风险因素出现事件的概率较大。日常监管的主要内容是对风险因素进行跟踪监管，主要有日常措施和危机模拟两类工作任务。日常措施是在区域内出现环境风险的预兆，或者发生一般风险事件后，实施相应措施，恢复区域内正常的环境系统；危机模拟是对可能发生的危险环境情境进行模拟，并制定针对性的应急处置措施。

3）事后应急管控。在复杂多变的区域生态环境中，预测系统也不能完全避免环境风险事件，建立事后应急管理来完善系统功能，实现已出现事件的特殊应急管控措施，对超出日常监管范围的危机事件进行应急响应，在应急管控下该区域环境系统恢复正常稳定，由日常监控实施预控状态下相应的措施。

按照预警内容和应急方案，构建地方区域范围内重要城镇环境保护机构和环境风险预警机构相互协作的联动机制，预警内容重点分析监控测量数据、辨识风险源、风险判别和预警评价四个方面，应急方案重点构建组织框架体系、监管督察和应急处置措施三项内容，地方区域重要城镇的环境保护机构定期向环境风险预警机构报送环境状态信息，同时分析采取的管控措施和实施效果，环境风险管理中心对风险情况实时动态监测，根据预警指标分级处理。当监测数据在指标范围内时继续实时监测；当监测数据在警戒范围内时，根据预控处置措施数据库及时采取相应措施处理；当监测数据达到危机状况时，立即进行应急响应，危机管理小组进行应急处置直至监测数据恢复正常，并将应急处理作为案例反馈至措施数据库，在长期的预控管理下，区域内环境风险管理系统将逐渐优化。另外，风险预测中心负责区域各城市环境风险管理的协作组织和指导工作，对区域内各城市的环境风险预测情况进行综合考核评价。京津冀区域环境风险预警系统的工作流程如图 6-7 所示。

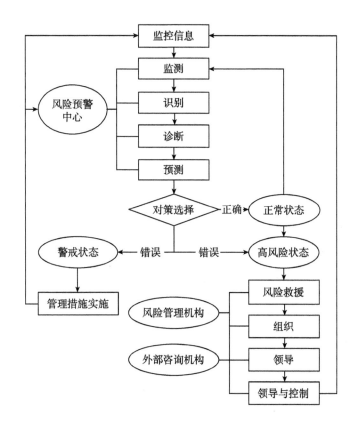

图 6 – 7　京津冀区域环境风险预警系统工作流程

6.4.3　京津冀区域环境风险预警模式

京津冀区域环境风险预警系统的运转应围绕着环境系统固有风险和潜在风险以及环境风险防控机制和环境自身特征开展其活动。对风险因素预警会出现两种状态：有效的预警使环境系统"转危为安"，此时环境系统处于健康稳定状态；失效的预警使环境系统变得更糟，此时环境系统失控可能会带来预想不到的后果。但无论出现何种后果，其真实数据必须及时反馈回风险预警系统，为了给进一步调整工作战略做准备，也为再次出现此类危机提供"前车之鉴"，保证整个系统每项工作都能实现 PDCA 循环。一旦风险失控酿成事件，需立即启用应急预案，直到使城市环境系统恢复到正常生产状态。应急救援过程的信息也将进入预警信息系统，以便指导将来的应急救援活动。上述京津冀区域环境风险预警系统运转模式如图6－8所示。

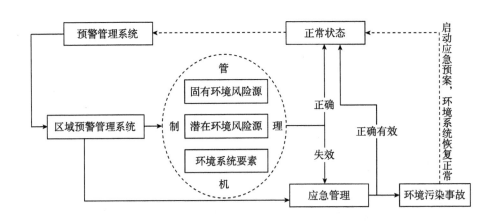

图6－8　京津冀区域环境风险预警系统运转模式

6.5　本章小结

根据京津冀区域环境风险和协同环保政策有效性评价结果，以京津冀协同发展这一国家宏观策略为大方向，提出了适应于京津冀协同发展理念的环境风险管理意见以及风险管控措施，并构建了京津冀环境风险管控体系，包含了环境风险防控与管理制度框架构建以及风险管控流程设计。值得说明的是，本书将风险预警纳入了风险管理体系，通过构建京津冀环境风险预警机制，目的在于利用先进的科学理念方法对环境系统要素进行动态监控和预警，从而预防和降低京津冀区域环境风险。

第7章 结论与展望

7.1 主要结论

本书以京津冀城市群环境风险为研究对象，采用了故障树分析法、文献综述、案例分析等方法，从以上三类危险源思路深入挖掘了京津冀区域环境污染事件形成原因，从而识别出了京津冀区域环境风险影响因素，并根据风险来源、特征和性质将其划分成"风险源危险性""风险受体易损性""风险防控机制有效性"三类风险源；其次，采用了因子分析法筛选并构建了京津冀区域环境风险评价指标体系，并采用风险指数法对京津冀城市群各节点城市环境风险进行了评价；再次，根据各类城市环境风险特征，完善了京津冀环保协同政策有效性评价的政策功能指标，进而采用 QFD 方法、构建了 HoQ 质量屋模型，对京津冀环保协同政策有效性做出了评价；最后，以京津冀协同发展这一国家宏观策略为大方向，结合了京津冀协同环保政策有效性评价分析结果，提出了适应于京津冀协同发展理念的环境风险管理意见，并构建了京津冀环境风险管控体系。

本书研究主要获得以下结论：

（1）构建了京津冀城市群环境风险评价指标体系。根据风险来源、特征和性质，将京津冀区域环境风险划分为"风险源危险性""风险受体易损性""风险防控机制有效性"三个维度。采用故障树分析法、文献综述、案例分析，从以上三类危险源思路深入挖掘京津冀区域 4 类典型的环境事件形成原因，梳理出三类风险源的主要风险影响因素。在此基础上进一步识别、优化并构建三个维度的京津冀区域环境风险评价指标体系，包括了风险源危险性子系统、风险受体易损性子系统、风险防控机制有效性子系统 3 个一级指标、5 个二级指标、20 个三级指标。

（2）构建了基于层次分析—熵权法的综合评价模型。本书在对指标权重赋值方法做了全面分析对比，并充分考虑各类方法的优缺点后，构建了基于层次分析法的主观权重赋值和基于熵权系数法的客观权重赋值相结合的指标权重赋值模型，弥补了主观权重赋值法因主观因素带来的评价结果的偏差，发挥各自优势，使得赋值结果更为合理、准确。

（3）评价的基础数据采集系统、丰富、完善。本书在研究过程中，进行了大量详细而深入的资料收集和信息采集工作。主要方式包括实地调研、资料收集、问卷调查、专家评分等。收集资料近千份，获取原始数据几万条，为本次研究奠定了坚实基础。

（4）对京津冀区域环境风险评价。利用本书构建的综合指标权重赋值模型以及风险指数法的区域环境风险评价模型，以京津冀下属 13 个节点城市为评价对象，完成了 13 个不同城市的分层次评级以及综合评价。

（5）根据环境风险二级指标评价结果，对 13 个节点城市进行了分析研究。采用 SPSS 对各节点城市进行聚类分析，发现 13 个城市 3 个二级指标的评价得分特征可以分为 3 类城市，各类城市风险特征不同，评价结果也为京津冀协同环保政策有效性评价的功能维度指标选取提供依据。

（6）采用 QFD 模型、构建 HoQ 对京津冀环保协同政策有效性做了评价，评价结果显示，京津冀城市群协同环保政策有效性评价结果为 3.1052（满分为 5 分），仍处于初步形成并发展、有待完善成熟阶段，还有待完善。

（7）根据环境风险和协同环保政策有效性评价结果，构建了京津冀环境风险管控体系，不仅提出宏观的京津冀环境风险管控措施，还设计了环境风险防控与管理制度框架以及风险管控流程，值得说明的是，本书将环境风险预警纳入了风险管理体系，通过构建京津冀环境风险预警机制，目的在于利用先进的科学理念方法对环境系统要素进行动态监控和预警，从而预防和降低京津冀区域环境风险。

7.2　主要创新点

本书的主要创新点如下：

（1）采用故障树分析法、案例分析法，以及因子分析法构建了京津冀区域环境剩余风险评价指标体系，包含了"风险源危险性""风险受体易损性"以及"风险防控机制有效性"三个子系统，并对京津冀区域环境风险做了评价研究。

（2）构建了京津冀协同环保政策有效性评价的 QFD（质量功能

展开）模型以及以政策功能和政策维度与政策功能关联度为输入变量、以京津冀协同环保政策有效性评价值为输出变量的指标重要度排序 HoQ（质量屋）模型，并对京津冀协同环保政策有效性评价进行了实证研究。

（3）构建了京津冀区域环境风险协同管控体系，重点给出了京津冀区域环境风险协同控制措施，设计了京津冀区域环境风险协同管控平台框架，构建了京津冀区域环境风险预警机制。

7.3　研究展望

本书基本完成了研究的预期目标和创新点，由于研究条件，个人水平和理论方法应用等有限，文章内容尚有不足之处，期待进一步的深入研究，主要包括以下几个方面：

（1）样本调查水平的提高。由于研究条件限制，本次样本调查的深度和广度均有待提高，特别是在选择多种调查样本，受测试人员对研究内容的认知程度等方面需要完善，使调查数据更加贴近实际情况。另外，如果对比不同阶段的样本调查，可能发现新的研究内容。

（2）测量方式的完善。问卷调查法容易受到被调查者的主观意志影响，因此，调查问卷的测量项要与内涵概念高度统一，量表的可靠度和有效性要求较高。随着京津冀区域内环境监测数据库的创建，将来可选择更加有效的测量方式。

（3）研究方法的拓展。本书研究过程中，采用的方法还是属于较为常用的研究方法，希望在以后的研究中，多借鉴国内外新的、更加合理的研究方法，进一步提升研究成果的科学性和准确性。

（4）管理意见的完善。本书基于京津冀区域环境风险识别及因素之间的相互作用分析结合风险系统管理理论框架，构建了"京津冀区域环境风险综合评价体系"，而关于建立区域整体多城市的风险管理系统体系经验不多，所以相关管理建议和措施还应继续全面优化完善，做到科学合理。

参考文献

［1］ 裴丽岚. 国内外城市群研究的理论与实践［J］. 城市观察，2011（5）：164－173.

［2］ Steinemann A. Rethinking human health impact assessment ［J］. Environmental Impact Assessment Review，2014（20）：627－645.

［3］ Committee on the Institutional Means for Assessment of Risks to Public Health，National Research Council. Risk Assessment in the Federal Government：Managing the Process（Free Executive Summary）［EB/OL］. http：//www. nap. edu/openbook. php? isbn＝0309033497.

［4］ Richard J A. Developing sustainable studies on environmental health［J］. Mutation Research，2015，480－481.

［5］ 黄征学. 京津冀城市群发展面临的问题及对策研究［J］. 中国经贸导刊，2015（11）：47－49.

［6］ 王坤岩，臧学英. 京津冀地区生态承载力可持续发展研究［J］. 理论学刊，2016（1）：64－68.

［7］ 文一惠，刘桂环，谢婧，等. 京津冀地区生态补偿框架研究［J］. 环境保护科学，2015（5）：82－85.

［8］ 梁增强. 京津冀典型城市环境污染特征、变化规律及影响

机制对比分析［D］．北京：北京工业大学，2014．

　　［9］把增强，王连芳．京津冀生态环境建设：现状、问题与应对［J］．石家庄铁道大学学报（社会科学版），2015（4）：1－5．

　　［10］程恩富，王新建．京津冀协同发展：演进、现状与对策［J］．管理学刊，2015（1）：1－9．

　　［11］罗琼，王坤岩．京津冀协同发展下的生态环境承载力研究［J］．天津经济，2014（11）：13－16．

　　［12］张攀．长三角、国内外城市群生态启示［D］．上海：华东师范大学，2008．

　　［13］http：//www．zhb．gov．cn/home/rdq/hjyj/12369hbjb/index＿2．shtml．

　　［14］王竞优，石磊．城市环境风险评价—基于113个环境保护重点城市分析［C］．中国环境科学学会学术年会论文集，2016．

　　［15］刘阳生，毛小苓．国内外环境风险评价研究进展［J］．应用基础与工程科学学报，2003，11（3）：266－273．

　　［16］赵树堂．保障京津冀协同发展需树立六种思维——京津冀协同发展中可能影响社会稳定的问题研究［J］．社会科学论坛，2015（9）：210－214．

　　［17］Michael J G. Environment al health risk assessment：A Canadian perspective［A］//Proceedings and Papers from the1994 Risk Assessment Research Symposium［C］．Web source：http：//www．isb．vt．edu．

　　［18］Liu，Renzhi．Liu，Jing．Zhang，Zhijiao．Accidental Water Pollution Risk Analysis of Mine Tailings Ponds in Guanting Rescrvoir Watorshed，Zhangjiakou City，China，International Journal of Environmental Research and Public Health［J］. 2015，12（12）：15269－15284.

［19］王金南，曹国志，曹东，等. 国家环境风险防控与管理体系框架构建［J］. 中国环境科学，2013（1）：186－191.

［20］ U. S. Environmental Protection Agency. An examination of EPA risk assessment principles and practices［EB/OL］. Washington DC，http：//www. Neutral source. org/files/ 714_ file_ 0403_ EPA_ staff_ paper. pdf.

［21］毛小苓. 国内外环境风险评价研究进展［J］. 应用基础与工程科学学报，2003，11（3）：266－272.

［22］杜锁军. 国内外环境风险评价研究进展［J］. 环境科学与管理，2006，31（5）：193－194.

［23］刘桂友. 环境风险评价研究进展［J］. 环境科学与工程，2007，32（2）：114－118.

［24］刘杨华. 环境风险评价研究进展［J］. 环境科学与管理，2011，36（8）：159－163.

［25］钟政林. 环境风险评价研究进展［J］. 环境科学进展，1996，4（6）：17－21.

［26］袁业畅，何飞，李燕，等. 环境风险评价综述及案例讨论［J］. 环境科学与技术，2013（S1）：455－463.

［27］黄圣彪，王子健，乔敏. 区域环境风险评价及其关键科学问题［J］. 环境科学学报，2013（05）：705－713.

［28］杨彦. 我国环境健康风险评价研究进展［J］. 环境与健康杂志，2014，31（4）：363－375.

［29］郝萌萌，王济，张一修. 城市环境污染的三种健康风险评价模型及比较［J］. 中国人口. 资源与环境，2010（S2）：36－39.

［30］ USEPA. Guidelines for carcinogen risk assessment ［M］. NCEA – F – 0644，1986.

［31］ USEPA. Guidelines for Exposure Assessment ［M］. FRL – 4129 – 5，1992，186.

［32］ USEPA. Guidelines for Ecological Risk Assessment ［M］. FRL – 6011 – 2，1998，188.

［33］ Power M，McCarty L S. Trends in the development of ecological risk assessment and management frame works ［J］. Human and Ecological Risk Assessment，2002，8（1）：7 – 18.

［34］ Sergeant A. Management objectives for ecological risk assessment developments at US EPA ［J］. Environmental Science & Policy，2000（3）：295 – 298.

［35］ NRC. Science and Judgment in Risk Assessment ［M］. National Academy Press，Washington，D. C.，1994.

［36］熊学锋．规划环境影响评价技术方法分析［J］.能源与环境，2013（4）：79 – 80.

［37］夏远芬，叶忠香，杨光俊．规划环境影响评价技术方法及影响因素的探讨［J］.科技创新与应用，2013（35）：136.

［38］彭王敏子．规划环评中环境风险评价方法的探究与实践［D］.厦门：厦门大学，2009.

［39］李飞．旅游区规划环境影响评价技术与方法研究［J］.科技创新导报，2008（15）：119 – 121.

［40］肖波，钱瑜．规划环境影响评价技术方法发展现状及其局限［J］.环境科技，2009（03）：57 – 60.

［41］ Giulia Minolfi，Stefano Albanese，Annamaria Limaet al. A

regional approach to the environmental risk assessment – Human health risk assessment case study in the Campania region [J]. Journal of Geochemical Exploration, 2016.

[42] Lei Huang, Wenbo Wan, Fengying Liet al. A two – scale system to identify environmental risk of chemical industry clusters [J]. Journal of Hazardous Materials, 2011, 186 (1): 247 – 255.

[43] Zhiguang Niu, Xiaonan Li, Ying Zhang. Composition profiles, levels, distributions and ecological risk assessments of trihalomethanes in surface water from a typical estuary of Bohai Bay, China [J]. Marine Pollution Bulletin, 2017.

[44] Chaitanya Kumar Kotikalapudi. Corruption, crony capitalism and conflict: Rethinking the political economy of coal in Bangladesh and beyond [J]. Energy Research & Social Science, 2016, 17: 160 – 164.

[45] T. L. Mcdaniels. Creating and using objectives for ecological risk assessment and management [J]. Environmental Science & Policy, 2000.

[46] 王振坡，翟婧彤，张颖，等. 京津冀城市群城市规模分布特征研究[J]. 上海经济研究，2015（7）：79 – 88.

[47] 黄征学. 京津冀城市群发展面临的问题及对策研究[J]. 中国经贸导刊，2016（11）：47 – 49.

[48] 祝尔娟. 推进京津冀区域协同发展的思路与重点[J]. 经济与管理，2014（3）：10 – 12.

[49] 刘书怀. 推进京津冀协同发展的战略意义及路径[J]. 前线，2016（2）：13 – 14.

[50] 天津，百度百科，https://baike. so. com/doc/5390356 –

5627004. html.

［51］ 北京市人民政府网站，http：//www. beijing. gov. cn/.

［52］ 国家统计局网站，http：//www. stats. gov. cn/tjsj/.

［53］ 天津政务网，http：//www. tj. gov. cn/.

［54］ 河北，百度百科，https：//baike. so. com/doc/5345419 – 5580864. html.

［55］ 河北省人民政府网站，http：//www. hebei. gov. cn/.

［56］ 张兆安. 大都市圈与区域经济一体化——兼论长江三角洲区域经济一体化［M］. 上海：上海财经大学出版社，2006.

［57］ http：//news. sohu. com/20070329/n249056953. shtml. 中国将形成十大城市群，打造未来国民经济支撑点，2007.

［58］ 熊剑平，刘承良，袁俊，等. 国外城市群经济联系空间研究进展［J］. 世界地理研究，2016，15（1）：63 –70.

［59］ 冉令坤. "7·21" 暴雨过程动力因子分析和预报研究［J］. 大气科学，2014，38（1）：83 –100.

［60］ http：//www. zhb. gov. cn/home/rdq/hjyj/12369hbjb/index_2. shtml.

［61］ http：//www. zhb. gov. cn/hjzli/.

［62］ 张殿旭. 故障树法在环境风险评价中的应用［J］. 油气田地面工程，2012（04）：23 –24.

［63］ 潘长波，徐龙龙. 基于模糊故障树的煤矿区环境风险评价体系［J］. 甘肃科学学报，2016，28（1）：132 –137.

［64］ 李栋源，赵素. 事故树法在煤气发生炉环境风险评价中的应用［J］. 环境保护科学，2012，38（6）：64 –66.

［65］ 李金惠，欧志远. 环境危险源分析方法与应用研究——李

金惠[J].环境污染与防治，2015，37（2）：26 – 31.

［66］王金南，曹国志，曹东，等.国家环境风险防控与管理体系框架构建[J].中国环境科学，2013，33（1）：186 – 191.

［67］宋建波，武春友.城市化与生态环境协调发展评价研究——以长江三角洲城市群为例[J].中国软科学，2010（2）：78 – 87.

［68］孙晓蓉，邵超峰.基于 DPSIR 模型的天津滨海新区环境风险变化趋势分析[J].环境科学研究，2010，23（1）：68 – 73.

［69］钱钢.环境影响评价中建设项目污染源分析内容及方法探讨[M].新疆化工，2015（3）：49.

［70］周鑫.基于 SPSS 的污染源分析及在环境管理中的应用[D].北京：北京工业大学，2012.

［71］Hanne S，Larsk P，Dale R，etal. Discursive biases of the environmental research framework DPSIR [J]. Land Use Policy，2008，25（1）：116 – 125.

［72］魏科技，宋永会，彭剑峰，等.环境风险源及其分类方法研究[J].安全与环境学报，2015，10（1）：85 – 89.

［73］佘升翔，陆强.环境风险知觉和评价的整体框架[J].生态环境学报，2010，19（7）：1760 – 1764.

［74］刘敏.环境风险类型与风险感知的相关性研究[D].武汉：华中科技大学，2015.

［75］李晓燕.京津冀地区雾霾影响因素实证分析[J].生态经济，2016，32（3）：144 – 150.

［76］李文杰，张时煌，高庆先，等.京津石三市空气污染指数（API）的时空分布特征及其与气象要素的关系[J].资源科学，

2016，34（8）：1392 – 1400.

［77］郧文洋. 京津冀区域汽车尾气污染防治法律问题研究［D］. 保定：河北大学，2016.

［78］张予，刘某承，白艳莹，等. 京津冀生态合作的现状、问题与机制建设［J］. 资源科学，2015，37（8）：1529 – 1535.

［79］李文杰，张时煌，高庆先，等. 京津石三市空气污染指数（API）的时空分布特征及其与气象要素的关系［J］. 资源科学，2016，34（8）：1392 – 1400.

［80］张逢生，王雁，闫世明，等. 浅析城市"热岛效应"的危害及治理措施［J］. 科技情报开发与经济，2011，21（32）：147 – 149.

［81］中华人民共和国环境保护部网站，http：//yjb. mee. gov. cn/tssl/.

［82］张卫. 北京：饮用水安全每季度公布京津冀建水污染联动机制［J］. 中国食品，2016（2）：38.

［83］荆红卫，张志刚，郭婧. 北京北运河水系水质污染特征及污染来源分析［J］. 中国环境科学，2015，33（2）：319 – 327.

［84］刘大江，秦华江，关桂峰，等. 多地水库存污染隐患危及调水安全［N］. 经济参考报.

［85］井柳新，王东，孙宏亮，等. 关于构建京津冀地区地下水污染防控体系的思考［J］. 环境保护，2016（9）：47 – 50.

［86］王文化，李煦. 京津冀：水成了难过的坎［N］. 经济参考报.

［87］邹秀萍，陈劭锋，苏利阳，等. 京津冀经济增长与水环境污染的实证分析［J］. 生态经济，2016（8）：40 – 42.

［88］周红菊. 京津冀生态环境问题研究［J］. 江西农业，2016

（8）：67 –68.

［89］李磊．首都跨界水源地生态补偿机制研究［D］.北京：首都经济贸易大学，2016.

［90］逯馨华，杨建新，陈波，等．工业固废生态链的构建对区域物质流的影响［J］.2010，20（11）：147 –153.

［91］周颖异．我国环境污染第三方工业固体废弃物治理机制完善［D］.昆明：云南大学，2016.

［92］王言虎．垃圾异地倾倒，监督不可缺席 ［N］.2016 –08 –05.

［93］中国工业报记者孟凡君．重大环境污染事故频发 我国固体废弃物资源化利用待突破 ［N］.中国工业报，2016.

［94］陈向国．污染场地修复——急！急！急！［N］.2016 –04 –15.

［95］李建武．城市噪声污染及其治理研究［J］.山西科技，2015，30（5）：26 –27.

［96］赵佳琳．城市噪音污染的原因及对策研究［D］.青岛：中国海洋大学，2015.

［97］姚婷，马少妆，梁玉玲．浅谈城市噪音污染对健康的危害与治理［J］.学界，2010（237）.

［98］谢国强，蔡莹．浅析我国城市噪音污染防治制度的完善［J］.农业与技术，2015，35（4）：256.

［99］王奎峰．基于 P—S—R 概念模型的生态环境评价指标体系研究——以山东半岛为例［J］.环境科学学报，2014，34（8）：2133 –2139.

［100］曲常胜，毕军，葛怡，等．基于风险系统理论的区域环

境风险优化管理[J]. 环境科学与技术，2009，32（11）：167－170.

［101］中华人民共和国国家环境保护标准 HJ130－2014［S］.

［102］芭芭拉. 沃尔弗德，弗吉尼亚. 约翰逊. 安迪生. 等级评分——学习和评价的有效工具[M]. 国家基础教育课程改革"促进教师发展与学生成长的评价研究"项目组，译. 北京：中国轻工业出版社，2004.

［103］潘华青. 基于 PTA 量表法的表现性评价在实验课中的有效运用[J]. 2014，43（11）：15－25.

［104］李光荣. 国有煤炭企业全面风险演化机理及管控体系研究[D]. 北京：中国矿业大学（北京），2011.

［105］Wad dock S. and Graves S. "The Corporate Social Performance——Financial Performance Link"［J］. Strategic Management Journal，1997（18）：303－319.

［106］Igalens J. &Gond J. R "Measuring Corporate Social Performance in France：A Critical and Empirical Analysis of ARESE Data"［J］. Jamal of Business Ethics，2005，56（2）：131－148.

［107］卢纹岱. SPSS for Windows 统计分析[M]. 北京：电子工业出版社，2006.

［108］薛二龙. 基于系统理论的煤矿生产管理模式研究[J]. 中国煤炭，2014（S1）：459－461.

［109］耿金花，高齐圣，张嗣瀛. 基于层次分析法和因子分析的社区满意度评价体系[J]. 系统管理学报，2007，16（06）：673－677.

［110］王斌会，李雄英. 稳健因子分析方法的构建及比较研究[J]. 统计研究，2015，32（5）：84－90.

［111］范会勇．因子分析的元分析技术及其应用［J］．心理科学进展，2011，19（2）：274－283.

［112］傅德印．因子分析统计检验体系的探讨［J］．统计研究，2007，24（6）：86－90.

［113］北京统计局．北京统计年鉴［M］．北京：中国统计出版社，2016.

［114］天津市规划局．天津统计年鉴［M］．天津：天津科学技术出版社，2016.

［115］河北省人民政府．河北经济年鉴［M］．北京：中国统计出版社，2016.

［116］国家统计局城市社会经济调查司．中国城市统计年鉴［M］．北京：中国统计出版社，2016.

［117］北京市环境保护局宣教处．北京环境质量公报［EB/OL］．［2016－07－07］．http：//www.bjepb.gov.cn/bjhrb/xxgk/jgzn/bjjgzz/index.html.

［118］天津市环境保护局．天津环境质量公报［EB/OL］．［2016－07－16］．http：//www.tjhb.gov.cn/information_ publication/guide/201409/t20140929_ 298.html.

［119］国环境监测总站．全国113个环境保护重点城市环境空气监测点位［EB/OL］．［2006－01－20］．http：//www.cnemc.cn/.

［120］佘升翔，陆强．环境风险知觉和评价的整体框架［J］．生态环境学报，2010，19（7）：1760－1764.

［121］Gattig A，Hendrickx L. Judgmental discounting and environ-mental risk perception：Dimensional similarities，domain differences， and implications for sustainability [J]. Journal of Social Issues, 2016, 63 (1): 21 – 39.

[122] Bohm G, Pfister H R. Consequences, morality, and time in environmental risk evaluation [J]. Journal of Risk Research, 2015, 8 (6): 461 – 479.

[123] Robbins S P. Management Today! [M]. Upper Saddle River: Prentice – Hall, 2000.

[124] 吴坚, 梁昌勇, 李文年. 基于主观与客观集成的属性权重求解方法[J]. 系统工程与电子技术, 2015, 29 (3): 383 – 387.

[125] 徐泽水. 多属性决策的组合赋权方法研究[J]. 中国管理科学, 2012, 10 (2): 84 – 87.

[126] 郭凯红, 李文立. 权重信息未知情况下的多属性群决策方法及其拓展[J]. 中国管理科学, 2011, 19 (5): 94 – 103.

[127] 谭旭, 陈英武, 高妍方. 一种新的基于组合赋权的区间型多属性决策方法[J]. 系统工程, 2016, 24 (4): 111 – 114.

[128] 冯长根. 综合评价方法在环境评价中的应用[J]. 安全与环境学报, 2008, 8 (5): 112 – 115.

[129] 彭张林. 综合评价理论与方法研究综述[J]. 中国管理科学, 2015 (23): 245 – 256.

[130] 张科, 王斌会. AHP 判断矩阵的排序度转换比例构造法[J]. 科技管理研究. 2010 (14): 269 – 271.

[131] 王兰化. 层次分析——熵值定权法在城市建设用地适宜性评价中的应用[J]. 地质调查与研究. 2011, 34 (4): 305 – 312.

[132] 曾凡伟. 基于层次——熵权法的地质公园综合评价[D]. 中国地质大学, 2014.

［133］ 谢飞，顾继光，林彰文．基于主成分分析和熵权的水库生态系统健康评价——以海南省万宁水库为例［J］．应用生态学报，2014，25（06）：1773－1779．

［134］ 王清源，潘旭海．熵权法在重大危险源应急救援评估中的应用［J］．南京工业大学学报（自然科学版）．2011（3）：87－92．

［135］ 曾金芳．基于熵权法的油气资源投资环境综合评价研究［D］．中国地质大学（北京）．2011．

［136］ 邹志红，孙靖南．模糊评价因子的熵权法赋权及其在水质评价中的应用［J］．环境科学学报．2015（4）：552－556．

［137］ 费智聪．熵权—层次分析法与灰色—层次分析法研究［D］．天津：天津大学．2009．

［138］ 李旭宏，李玉民．基于层次分析法和熵权法的区域物流发展竞争态势分析［J］．东南大学学报（自然科学版）．2014（3）：398－401．

［139］ Zeng Fanwei. An evaluation of residents' perceptions of the creation of a geopark：a case study on the geopark in Mt. Huaying Grand Canyon，Sichuan Province，China ［J］. Environmental Earth Sciences. 2014（3）：1453－1464．

［140］ 中国经济景气监测中心．预警指标状态区域划分和临界点确定［N］．2009. http：//www. cemac. org. cn/Ozsbz5. htm.

［141］ 高铁梅．计量经济分析方法与建模［M］．清华大学出版社，2006．

［142］ 计量经济分析方法与建模——EViews 应用及实例［M］．清华大学出版社，2009．

［143］ 于丽英，戴玉其．基于模糊 QFD 与模糊 TOPSIS 的区域

科技创新竞合关系影响因素研究：以长三角区域为例［J］. 科技进步与对策，2013，30（2）：41 - 46.

［144］Yu C H，Chen C K，Chen W H. Developing a revised QFD technique to meet the needs of multiplecustomer groups：A case of public policy analysis ［J］. Total Quality Management & Business Excellence，2012，23（11/12）：113 - 1431.

［145］Hong J，Chung S Y. Useroriented service and policyinnovation in shared research equipment infrastructure：An application of the QFD and Kano's model to the Gyeonggi Bio Center ［J］. Asian Journal of Technology Innovation，2013，21（1）：86 - 107.

［146］Wang X T，Xiong W. An integrated linguistic basedgroup decision making approach for quality functiondeployment ［J］. Expert Systems with Applications，2011（38）：14428 - 14438.

［147］Kao C，Liu S T. Fractional programming approach tofuzzy weighted average ［J］. Fuzzy Sets and Systems，2015，120（3）：435 - 444.

［148］Liu B，Liu K L. Expected value of fuzzy variable and fuzzy expected valued models ［J］. IEEE Transactions on Fuzzy Systems，2015，10（4）：445 - 450.

［149］Chen Y Z，Richard K F，Tang J F. Rating technical attributes in fuzzy QFD by integrating fuzzy weighted average method and fuzzy expected value operator ［J］. European Journal of Operational Research，2016（174）：1553 - 1566.

［150］童心，于丽英. 高新技术产业集群政策有效性评价——以上海生物医药产业集群为例［J］. 科学学与科学技术管理，2015

（6）：15 – 25.

[151] Ahokangas P, Hyry M, Rasanen P. Small technologybased firms in a fastgrowing regional cluster [J]. New England Journal of Entrepreneurship, 1999 (4)：19 – 26.

[152] Aziz K A, Norhashim M. Cluster based policy making：Assessing performance and sustaining competi – tiveness [J]. Review of Policy Research, 2008, 25 (4)：349 – 375.

[153] Robbins S P. Management Today! [M]. Upper SaddleRiver：Prentice – Hall, 2000.

[154] 马新. 生态环境治理政策有效性的博弈分析[J]. 辽宁工程技术大学学报（自然科学版），2015 (2)：344 – 347.

[155] 尹贻梅，刘正浩，刘志高. 生态旅游环境监测系统[J]. 国土与自然资源研究，2013 (1)：67 – 68.

[156] 翟钰英. 中国省际环境治理的有效性及影响因素分析[D]. 哈尔滨：哈尔滨工业大学，2016.

[157] 李洁然. 中小企业创新政策协同作用的机理分析及绩效研究[D]. 石家庄：河北经贸大学，2014.

[158] 刘金平，孔元. 基于行为经济学的环境政策有效性分析[J]. 煤炭经济研究，2016 (8)：41 – 42.

[159] 刘研华. 中国环境规制改革研究[D]. 沈阳：辽宁大学，2016.

[160] 宋晨. 从中央与地方政府博弈的视角看环境政策执行的异化[J]. 太原师范学院学报：社会科学版，2016, 8 (5)：13 – 18.

[161] 孙才志，潘俊. 地下水脆弱性的概念、评价方法与研究前景[J]. 水科学进展，2015 (4)：444 – 449.

［162］李学文．湖南省宏观经济景气指数的编制与应用研究[D].长沙：湖南农业大学，2014.

［163］戴锋，吴松涛，秦子夫，等．环境压力指数：一个标示与预警经济危机的指标[M].长沙，2013：285－288.

［164］胡炳清，覃丽萍，柴发合，等．环境压力指数及我国大气环境压力状况评价[J].中国环境科学，2013（9）：1678－1683.

［165］郝晨光，单文广．基于生态压力指数法的内蒙古生态环境压力趋势研究[J].安徽农业科学，2012（15）：8684－8686.

［166］胡翠娟，丁峰，左石磊，等．基于受体易损性分析的环境风险综合评价方法研究[J].环境工程，2016（01）：112－116.

［167］梁婕，谢更新，曾光明，等．基于随机—模糊模型的地下水污染风险评价[J].湖南大学学报（自然科学版），2015（6）：54－58.

［168］王红娜，何江涛，马文洁，等．两种不同的地下水污染风险评价体系对比分析：以北京市平原区为例[J].环境科学，2015（1）：186－193.

［169］徐福留，赵珊珊，杜婷婷，等．区域经济发展对生态环境压力的定量评价[J].中国人口．资源与环境，2014（4）：32－38.

［170］冷苏娅，蒋世杰，潘杰，等．京津冀协同发展背景下的区域综合环境风险评估研究[J].北京师范大学学报（自然科学版），2017（1）：60－69.

附　录

京津冀区域环境风险因素调查表

为全面了解京津冀城市群环境风险状况，识别出导致环境风险的影响因素，以及风险演化机理，从而找到京津冀区域环境风险管理办法，作者制作了这份量表问卷，希望您能参与进来。调查问卷共4项，您的答案将会对我们的研究结论产生重要影响。问卷均采用不记名作答方式，不会泄露您的任何个人信息，请您放心填写。

非常感谢您的参与！

中国矿业大学（北京）管理学院课题研究组

说明：

1. 概念界定

环境风险：环境污染事件发生的可能性和对环境造成损害后果。

风险源危险性：主要反映自然因素、人为因素以及社会经济发展水平给生态环境所带来的消极影响，它们可以以污染源释放的形式直接对环境造成损害。

风险受体易损性：主要反映区域社会环境系统对环境风险的敏感程度和环境系统失去平衡后的恢复能力。

风险防控机制有效性：主要反映有关部门或个人采取的风险预防控制等措施实施的效果。

2. 填写说明

（1）第一部分：完善空格信息，在"□"处打"√"。

（2）第二、第三、第四部分：在调查表右侧影响程度"非常大、比较大、一般、较小、几乎没有"列，根据您个人认知或偏好打"√"。

第一部分　基本信息

1. 所在地：北京□　　　天津□　　　河北□

2. 工作（学习）单位性质：政府机构□　企业□　科研院校□其他□

3. 从事行业是否与环保有关：是□　否□

4. 您的最高学历：＿＿＿＿＿＿＿　年龄：＿＿＿＿＿＿＿

第二部分　京津冀区域环境风险源危险性调查表

调查描述	影响程度				
	非常大	比较大	一般	较小	几乎没有
1. 任何生物长期处在噪声环境下，都会对健康产生不良影响，增加环境风险源危险性					
2. 区域内规模以上高污染高耗能企业密度越大，产生的污染物越多，环境风险源危险性越大					
3. 工业废气的直接排放不仅污染空气，间接对环境系统生物健康产生威胁，会增加环境风险源危险性					
4. 机动车保有量增加，产生大量的汽车尾气和交通噪声，人类健康风险受到不良影响，从而增加风险源危险性					
5. 工业废水的直接排放不仅污染水环境，间接对环境系统生物健康产生威胁，会增加环境风险源危险性					
6. 工业固废产生量增加，企业或个人为降低处理成本，违规处置或任意堆放，会对土壤和地下水环境造成污染，增加风险源危险性					
7. 规模以上高污染高耗能企业的转移必然伴随着大量污染物的转入，产生的污染物越多，环境风险源危险性越大					
8. 污染物会随着空气的流动发生转移污染，而空气的流动与区域气候，尤其是与风速有关，风速的大小也会影响到风险源的危险性					

第三部分　风险受体易损性状况调查表

调查描述	影响程度				
	非常大	比较大	一般	较小	几乎没有
1. 区域人口受教育程度越高，在一定程度上代表其素质越高，环保意识越高，因此，也会降低环境风险受体易损性					
2. 区域经济越发达，人均 GDP 越高，对环境质量的重视程度也会提高，因此加大环保力度，提高环保投入，会降低环境风险受体易损性					
3. 区域医疗卫生机构每千人床位数越多，说明该地区医疗水平越高，应对环境风险能力越强，风险受体易损性就越小					
4. 人口密度大，会消耗大量环境资源，另外，人口密度，与产生的废物量成正比，降低环境承载能力，会提高受体易损性					
5. 通常情况下，自然保护区对环境污染源的敏感度越高，风险承载能力越差，因此自然保护区覆盖率越高，受体易损性越高					
6. 绿地会起到净化空气、预防水土流失的作用，因此，人均绿地面积越大，受体越不容易受损					
7. 老人、儿童均属于弱势群体，由于其自身身体素质差，因此对污染不良反应大，易损性高					

第四部分　风险防控机制有效性状况调查表

调查描述	影响程度				
	非常大	比较大	一般	较小	几乎没有
1. 城市维护建设资金投入比例大，有助于完善防控机制，从而提高其实施的有效性					
2. 地表水监测点越全面，收集到的水环境状况数据越全面及时，便于更有效地预防水环境受到不可逆转的破坏					
3. 空气环境监测点密度越大，收集到的空气质量状况数据越全面及时，便于更有效地预防空气环境受到不可逆转的破坏，防止人类健康受到影响					
4. 污水的随意排放会对水环境产生污染，间接威胁到环境生物的健康，因此污水集中处理率越高，防控机制有效性越好					
5. 一般工业固废综合利用率的高低，在一定程度上反映了风险预防机制的有效程度					
6. 危险固废综合利用率的高低一定程度上反映了风险预防机制的有效程度